黑龙江省高等教育教学改革研究项目（SJGY20200834）

黑龙江省教育科学"十四五"规划2021年度重点课题（GJB1421424）

U0292912

电力系统及工厂供配电 Simulink 仿真实训教程

主　编　苏继恒　高　亮

哈爾濱工經大學出版社

Harbin Engineering University Press

内 容 简 介

《电力系统及工厂供配电 Simulink 仿真实训教程》是一本以培养学生电力系统及工厂供配电 Simulink 仿真能力的实训教材。本教材的编写目的是使学生熟悉电力系统运行的基本原理,能够通过计算分析,解决电力系统的简单故障;此外,在培养学生掌握基本理论的同时,还注重培养学生的仿真分析与计算能力,使学生学会使用 MATLAB/Simulink 软件建立电力系统仿真模型,真正使用仿真分析工具去解决实际问题,从而为电力系统继电保护、发电厂和变电站电气设计等后续课程,乃至整个电力系统及其自动化领域的学习奠定良好基础。

本教材可作为电气工程及其自动化专业"电力系统仿真实验"课程的教材,也可作为电力工程技术人员 Simulink 仿真入门的参考书。

图书在版编目(CIP)数据

电力系统及工厂供配电 Simulink 仿真实训教程/苏继恒,高亮主编. —哈尔滨:哈尔滨工程大学出版社, 2022.3

ISBN 978 – 7 – 5661 – 3406 – 6

Ⅰ.①电… Ⅱ.①苏… ②高… Ⅲ.①自动控制系统 – 系统仿真 – Matlab 软件 – 应用 – 电气工程 – 教材 Ⅳ. ①TM – 39

中国版本图书馆 CIP 数据核字(2022)第 013145 号

电力系统及工厂供配电 Simulink 仿真实训教程
DIANLI XITONG JI GONGCHANG GONGPEIDIAN Simulink FANGZHEN SHIXUN JIAOCHENG

选题策划 田 婧
责任编辑 卢尚坤 刘海霞
封面设计 李海波

出版发行 哈尔滨工程大学出版社
社 址 哈尔滨市南岗区南通大街 145 号
邮政编码 150001
发行电话 0451 – 82519328
传 真 0451 – 82519699
经 销 新华书店
印 刷 哈尔滨市石桥印务有限公司
开 本 787 mm × 1 092 mm 1/16
印 张 10
字 数 255 千字
版 次 2022 年 3 月第 1 版
印 次 2022 年 3 月第 1 次印刷
定 价 39.80 元
http://www.hrbeupress.com
E-mail:heupress@ hrbeu.edu.cn

前 言 PREFACE

MATLAB/Simulink 是一种功能强大的科学软件,广泛应用于深度学习和机器学习,图像处理和计算机视觉、信号处理,控制系统、电力系统分析与设计,以及计算生物学等工程领域。工程科研人员可以通过使用 MATLAB 软件提供的工具箱,快速求解复杂的工程与科学问题,并可以对系统进行仿真建模,用优秀的图形绘制功能对数据进行可视化处理。因此,MATLAB/Simulink 受到了各大高校、科研院所和个人创客的热烈支持和广泛使用,也成为科学技术部门研究实际工程问题的重要工具之一。

目前,随着社会的不断进步,一方面人们对电力的需求量日益增长,电力系统规模越来越庞大,柔性交流输电系统、超高压直流输电系统、新能源发电设备、各种新型控制装置得到了普遍应用,这对现行电力系统的安全性和可靠性提出了更高的要求。另一方面,随着城市用电容量越来越大,电能输送范围越来越广泛,电力系统已经成为当今世界上覆盖范围最广的网络,电力系统的稳定性直接影响人们的生产生活。但现代电力系统的飞速发展,也使电力系统中许多计算和控制问题日益复杂,考虑到技术难度、安全性和经济成本等因素,大规模直接进行电力试验的可能性很小,因而需要运用仿真软件来解决实际电力问题。

因此,本书根据电力系统的特点,参考 MathWorks 公司的 MATLAB&Simulink R2008 User Guide,介绍了利用 MATLAB/Simulink 软件搭建发电机、变压器、输电线路和负荷等电力设备仿真模型的方法,进行了电力系统稳态与暂态的仿真分析,以及电力系统故障的仿真建模;并在实训部分适当增加了课程思政元素,以便教师根据实训内容,对学生进行课程思政教育。此外,本书实训项目能够培养学生的设计、建模、运行与分析的创新能力。本书共三章,由绥化学院苏继恒、高亮担任主编。其中,第1章,第3章中实训11至实训15、实训19至实训22由苏继恒编写;第2章,第3章中实训1至实训10、实训16至实训18由高亮编写。特别感谢于长兴教授、王春红教授、张艳鹏副教授在本书编写过程中提出的宝贵意见和建议,编者受益匪浅。

由于编者能力有限,书中疏漏与不足之处在所难免,希望广大读者给予批评和指正。

编 者
2021 年 8 月

目　　录

第1章 Simulink 基础知识

1.1 MATLAB/Simulink 简介

MATLAB 是英文 matrix laboratory（矩阵实验室）的缩写，是一种用于算法开发、数据可视化、数据分析及数值计算的高级技术计算机语言和交互式环境。MATLAB 的起源可以追溯到 20 世纪 80 年代，当时美国新墨西哥大学的 Cleve Moler 教授在教授线性代数课程时想使用计算机来解决问题，但当时流行的高级语言编程十分不方便，他便开始自己写相关程序，这就是 MATLAB 的雏形。早期的 MATLAB 是用 FORTRAN 语言编写的，虽然功能简单，但是操作方便，吸引了大批的使用者。经过几年的发展，在 John Little 的推动下，John Little 和 Cleve Moler 等合作成立了 MathWorks 公司，一起开发了基于 C 语言的 MATLAB 的二代产品，至此 MATLAB 开始正式发展，MATLAB 版本也不断更新，1992 年更是推出了具有时代意义的 4.0 版本，并且于 1993 年推出了可在 Windows 3.×上运行的版本，其适用范围越来越广泛。1997 年，MATLAB 5.0 问世，它支持更多的数据结构，成为一种更方便、更完善的编程语言。2006 年 9 月，MATLAB R2006b 版本发布后，MathWorks 公司在每年的 3 月和 9 月进行两次产品发布，具体涵盖产品的更新、错误的修复以及新功能的发布。例如，MATLAB R2008a 版本中，2008 代表发布时间为 2008 年，a 代表当年的第一个版本（3 月份版）。

到如今，MATLAB 的应用范围已经非常广泛，主要包括深度学习和机器学习、图像处理和计算机视觉、信号处理与控制系统、电力系统分析与设计以及计算生物学等众多领域。如果再加上附加的工具箱，MATLAB 可以解决绝大部分工程与科学研究问题。

Simulink 是一种高效的图形化仿真设计软件，确切地说，它是一种依托于 MATLAB 对动态系统进行建模、仿真和分析的工具。Simulink 使用图形化的系统模块以最小的代价对线性和非线性系统、连续时间系统、离散时间系统和混合系统等动态系统进行模拟仿真，并在此基础上采用 MATLAB 的计算引擎对动态系统在时域内进行求解。此外，Simulink 的仿真模型由图示化的模块组成，通过简单的鼠标操作就能完成建模仿真过程。因而，在信号分析与控制、图像处理和电力系统分析等诸多领域，Simulink 以卓越的仿真能力、便捷的仿真操作得到了广泛的应用。

1.2 Simulink 的特点

Simulink 中各元件的数学模型都用图形模块来表示，模块之间由信号线相连。用户只需要知道这些模块的具体功能、输入输出和操作方法，使用鼠标连接模块，使用键盘输入数据，即可完成对仿真系统的搭建和参数设置，而不必通过复杂的编程去完成系统的动态仿真，并且可以使用 MATLAB 的数据分析、可视化图形及特色工具箱来操作模型。Simulink 具有如下特点。

1. 便捷、直观的建模方式

Simulink 利用可视化的建模方式，可迅速地建立动态系统仿真模型，在 Simulink 元件库中选出合适的模块并用信号线连接，再设置参数即可建模。

2. 快速、准确地计算系统数据

Simulink 优秀的仿真算法适用于大部分动态系统的仿真，先进的常微积分方程求解器可用于复杂系统方程的求解。

3. 有效、简洁地表达系统结构

Simulink 的分级建模能力使得体积庞大、结构复杂的模型构建也简便易行。根据需要，各种模块可以组织成若干子系统，子系统的数量完全取决于所构建的模型，不受软件本身的限制。

4. 交互式地分析系统运行

通过 Simulink 软件，用户可以以波形和曲线等直观方式观察系统的运行。此外，在系统运行中，用户可自由调整模型参数，监视仿真状态和结果，以快速评估不同的算法，进行参数优化。

1.3　MATLAB/Simulink 的安装

自 2006 年以来，MathWorks 公司对 MATLAB 不断进行更新和维护，平均每年进行两次更新，现如今已更新至 MATLAB R2021b 版本，并广泛应用于科学与工程数据分析的各个领域，但核心框架仍参考 MATLAB 第 7 代产品，再加上本书主要用于电气工程及其自动化专业电力系统仿真分析课程的基础教学与入门，所以本书没有采用最新版本的 MATLAB 软件，而是采用了 MATLAB 第 7 代产品中的最为经典的 MATLAB R2008a（MATLAB 7.6）版本进行介绍，为学生将来深入地学习打下基础。

1. MATLAB R2008a 支持的系统

Windows XP（Service Pack 1,2 or 3）

Windows Vista（Service Pack 1）

Windows Server 2003（Service Pack 1,2 or R2）

MacOS X 10.4

MacOS X 10.5

Red Hat Enterprise Linux v.4

Debian 4

Fedora Core 4

Linux OpenSuSE 10.1

2. MATLAB R2008a 对硬件的要求

　　无论是在 Windows 平台、Mac 平台或 Linux 平台，MATLAB 都以其卓越的性能而闻名，其独创的高级矩阵语言、数学函数库和工具箱与那些仅支持标量和非交互式的编程语言相比，更加方便、高效。此外，随着网络技术与移动设备的发展，MathWorks 公司相继推出了无须下载、在电脑上的浏览器中就能打开的在线编程软件——MATLAB Online，在手机或平板中也能运行的轻量级 MATLAB 程序——MATLAB Mobile，从而使 MATLAB 的使用更加便捷与灵活，但这也使 MATLAB 在不同平台、系统对硬件的要求各有不同。本书以 MATLAB R2008a 版本为例，介绍其在 Windows XP 系统下对硬件的要求，见表 1-1。

表 1-1　MATLAB R2008a 在 Windows XP 系统下对硬件的要求

电脑硬件	配置要求
处理器	Intel 平台：酷睿系列、赛扬系列或奔腾 4 以上 AMD 平台：Athlon 64（须支持 SSE2 指令集）、Opteron 或 Sempron
硬盘	512 MB（仅用于 MATLAB 主程序，具体空间需求将由安装程序决定）
内存	32 位系统：最小 512 MB，推荐 1 024 MB 64 位系统：最小 1 024 MB，推荐 2 048 MB
显卡	支持 16,24 或 32 位 OpenGL 的图形适配器

3. 安装过程

　　随着 MATLAB 的不断更新，其安装与激活过程也在不断简化，但大致步骤基本保持一致，下面以 MATLAB R2008a 版本为例，介绍其在 Windows XP 系统下的安装与激活过程。

　　解压 MATLAB R2008a 文件，打开解压文件夹，运行目录下 setup. exe 文件，进入初始化界面，2 ~ 3 s 后，便出现如图 1-1 所示 Installer Welcome 对话框，共两条选项：Install automatically using the Internet（使用互联网自动安装）、Install manually without using the Internet（不使用互联网手动安装）。选择第二个选项手动安装，点击 Next 进行下一项。

　　进入 License Agreement 对话框，如图 1-2 所示，阅读授权管理协议，选择 Yes（接受授权管理协议的全部条款），点击 Next 进行下一项。

　　进入 File Installation Key 对话框，如图 1-3 所示，准备安装密钥，填入"I have the file installation key for my license"选项，点击 Next 进行下一项。

　　进入 Installation Type 对话框，如图 1-4 所示，用户可以在此对话框选择安装的类型，安装类型包括 Typical（典型）安装和 Custom（自定义）安装。如果选择典型安装类型，则可以简化安装过程，但不能自由地选择安装所需的产品。如果选择自定义安装类型，则允许用户选择所要安装的产品，并设定需要安装的选项。为保证用户能使用所有产品的各项功能并简化安装过程，一般选择典型安装类型，然后点击 Next 进行下一项。

　　如果用户选择的是典型安装类型，则进入 Folder Selection 对话框，如图 1-5 所示，点击 Browse（浏览），选择安装路径，安装到所指定的路径里，其中对话框左下角 Space available 为所选磁盘的剩余空间，对话框右下角 Maximum space required 为完全安装至少需要的空间。若剩余空间大于完全安装所需空间，则可以安装，然后点击 Next 进行下一项。

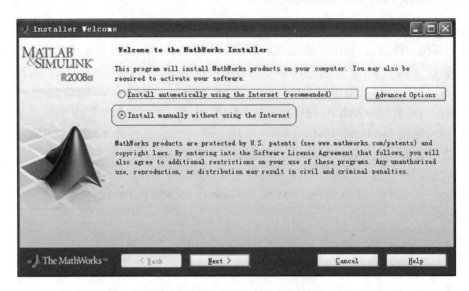

图 1-1　Installer Welcome 对话框

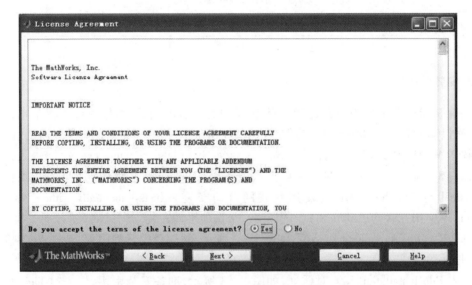

图 1-2　License Agreement 对话框

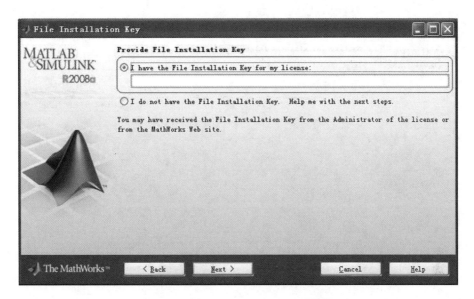

图 1 - 3　**File Installation Key** 对话框

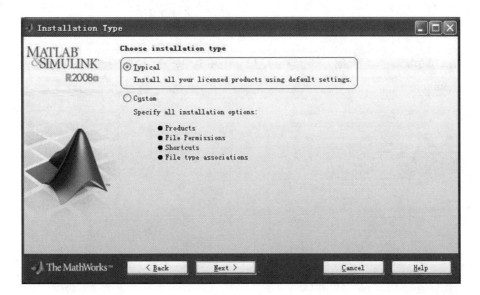

图 1 - 4　**Installation Type** 对话框

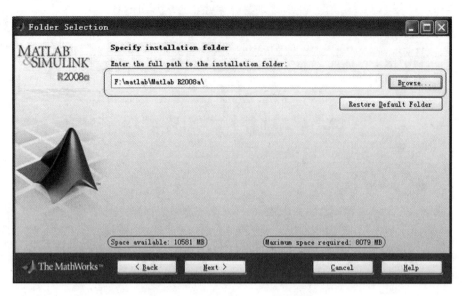

图 1 - 5　**Folder Selection** 对话框

　　进入 Confirmation 对话框,如图 1 - 6 所示,确定安装设置,包括 Installation folder(安装地址)、Products(安装产品列表),然后点击 Install 进行安装。

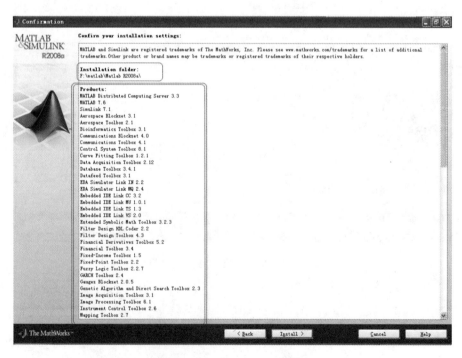

图 1 - 6　**Confirmation** 对话框

开始安装,如图 1-7 所示,若取消则点击 Cancel 进行取消。

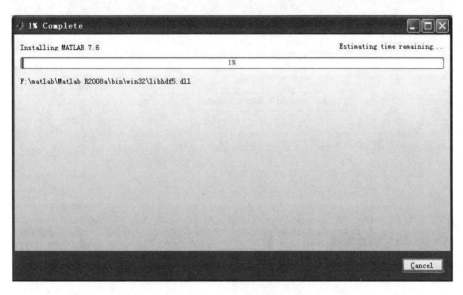

图 1-7　安装过程

进入 Installation Complete 对话框,如图 1-8 所示,安装完成,提示是否激活 MATLAB,选中 Activate MATLAB 复选框,表示同意激活 MATLAB,然后点击 Next 进行下一项。

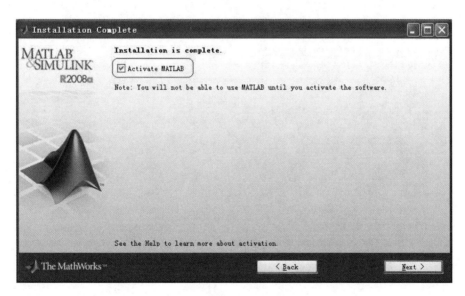

图 1-8　Installation Complete 对话框

进入 Activation Welcome 对话框,如图 1-9 所示,共两条选项:Activate automatically using the Internet(使用互联网自动激活)、Activate manually without the Internet(不使用互联网手动激活),选择第二个选项手动激活,点击 Next 进行下一项。

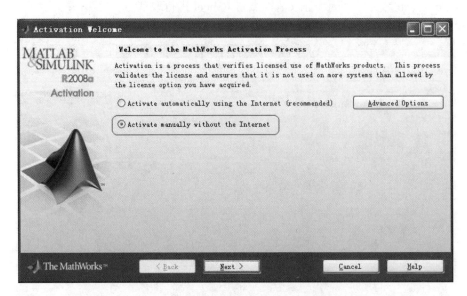

图 1 - 9   Activation Welcome 对话框

进入 Offline Activation 对话框,选择第一项 Enter the path to the license file(输入许可证文件的路径),点击 Browse(浏览),进入磁盘寻找许可证文件,找到文件后,点击 Select(选择),点击 Next 进行下一项,如图 1 - 10 所示,提示激活完成,MATLAB 即可正常使用。

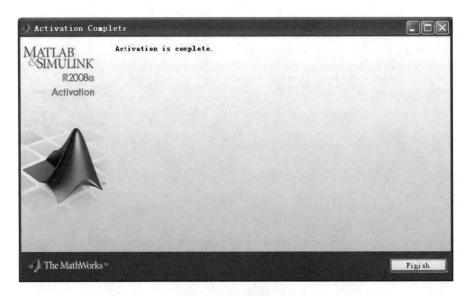

图 1 - 10   激活完成

1.4 MATLAB 的启动和退出

启动 MATLAB 软件共有三种方法:双击桌面的 MATLAB 快捷方式,进入软件;点击任务栏开始菜单,从中找到 MATLAB 快捷方式,点击进入;在 MATLAB 软件目录下,进入 bin 文件夹,双击 MATLAB 程序,进入软件。

退出 MATLAB 软件共有三种方法:在 MATLAB 操作界面的 File 菜单下选择 Exit MATLAB;在 MATLAB 操作界面的命令窗口输入 Quit 或 Exit;点击 MATLAB 操作界面右上角的图标。

1.5 MATLAB 的操作界面

MATLAB 的操作界面是一个集成了许多应用程序和工具的操作空间,这些应用程序和工具可以方便用户对 MATLAB 进行操作和设计。MATLAB R2008a 的操作界面主要由菜单、工具栏、命令窗口、工作空间窗口、历史命令窗口和当前路径窗口组成,如图 1－11 所示。

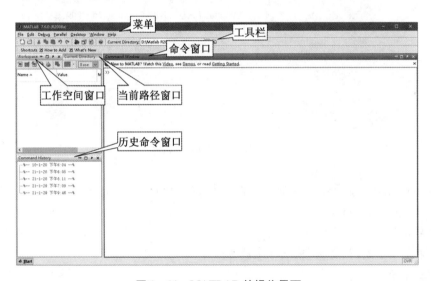

图 1－11 MATLAB 的操作界面

1. 菜单和工具栏

MATLAB 的菜单和工具栏界面与其他通用软件的界面基本一致,菜单可进行文件、编辑、调试、窗口和帮助等功能的操作,工具栏可进行新建、打开、复制、粘贴、撤销以及 MATLAB 部分特色工具的操作。菜单和工具栏的内容会随着用户自身设定而做出相应的改变,用户只要稍加实践就可以掌握其功能和使用方法。这里仅介绍 MATLAB 默认操作界面的常用内容。

File 菜单

New:用于新建 M 文件、图形、变量、模型和 GUI。

Open:用于打开 MATLAB 相关文件。

Close：关闭当前窗口。

Import Data：用于向工作空间窗口导入数据。

Save Workplace As：将工作空间窗口的变量存储为 MAT 文件。

Set Path：如图 1 – 12 所示，用于打开搜索路径设置对话框，在命令窗口中输入 pathtool，按下 < Enter > 键也能实现此操作。在 Set Path 对话框中可以进行添加文件夹、添加文件夹内所有子文件夹、恢复默认值等操作。

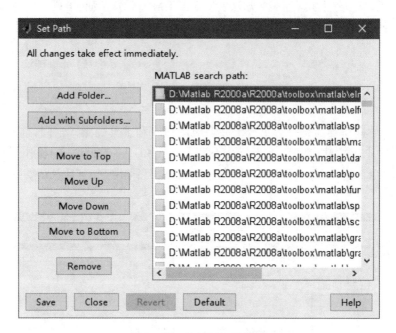

图 1 – 12　Set Path 对话框

Preferences：用于打开环境设置对话框，例如对 MATLAB 操作界面各个窗口的字体种类、大小和颜色等参数进行设置。

Edit 菜单

Edit 菜单用于撤销、复制、粘贴和全选等操作。

Debug 菜单

Debug 菜单用于程序的调试。

Parallel 菜单

Parallel 菜单用于设置并行计算的运行环境。

Desktop 菜单

Desktop 菜单用于在操作界面中打开需要的窗口和对窗口进行调整。

Window 菜单

Window 菜单列出操作界面中当前的所有窗口。

Help 菜单

Product Help：用于打开产品帮助文件。

Using the Desktop：用于打开操作界面介绍文件。

Web Resources：用于打开 MATLAB 相关网站。

Check for Updates:用于检查 MATLAB 更新。

Licensing:用于管理 MATLAB 许可证文件。

Demos:用于打开 MATLAB 的演示文件。

View 菜单

当"Current Directory"为当前窗口时,View 菜单用于设置当前目录下需要显示的文件;当"Workspace"为当前窗口时,View 菜单用于设置工作空间窗口中需要显示的变量。

Graphics 菜单

当"Workspace"为当前窗口时,用于打开绘图工具和新建图形,并使用绘图工具绘制可视化数据图形。

工具栏

由于工具栏的其他图标与大部分软件的工具图标用法基本一致,故这里不再赘述,仅介绍 MATLAB 软件的特色工具。

:进入 Simulink 仿真模型库,在 MATLAB 的命令窗口中输入"simulink"命令,按下 < Enter > 键也能实现此操作。

:进入 Guide 用户界面设计窗口。

:进入 Profiler 程序性能分析工具窗口。

:进入 MATLAB 帮助界面,允许用户进行帮助文档阅读、根据关键词的帮助查询、查看演示范例。

Current Directory: D:\Matlab R2008a\R2008a\work :用于设置 MATLAB 当前的工作路径。若要更改默认工作路径,右键点击 MATLAB 的快捷方式,在属性中找到起始位置,在起始位置中输入需要指定文件夹的路径即可,如图 1 - 13 所示。

2.命令窗口

命令窗口(Command Window)是用户与 MATLAB 进行人机交互的主要工具。如图 1 - 14 所示,命令窗口可以作为独立窗口,也可以作为操作界面的嵌入窗口,二者通过切换按钮进行切换。

命令窗口的空白区域,用于用户输入程序和软件显示结果。其中" > >"为运算提示符,表示 MATLAB 处于准备状态,当在提示符" > >"后输入命令或运算程序后,按 < Enter > 键,命令窗口将立即显示执行或计算结果,所得结果将被保存在工作空间窗口中。在命令窗口中,命令语句开头带有提示符" > >",结果语句不带提示符" > >"。若在命令语句结尾输入分号";",将不显示结果。如表 1 - 2 所示,用户可以使用命令窗口的系统指令和控制键来进行各种操作,或直接输入运算程序进行计算。

图 1 – 13   更改默认工作路径

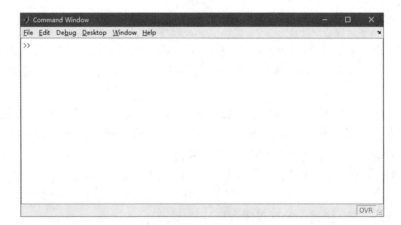

图 1 – 14   命令窗口

表 1-2　命令窗口的常用系统指令和控制键

系统指令或控制键	功能
clc	清除命令窗口显示的所有内容
clear	清除工作空间当前的所有变量
clear a b c	清除工作空间的指定变量 a、b、c
pack	整理工作空间的内存
help	在帮助文件中寻找相关信息
< Home > 键	移动到行首
< End > 键	移动到行尾
< ↑ > 键	移动到上一行
< ↓ > 键	移动到下一行
< Delete > 键	删除光标处
< Esc > 键	删除光标所在行
< Alt > + < Backspace > 键	恢复上次删除

3. 工作空间窗口

工作空间窗口(Workspace)是存储命令窗口中输入变量、运算结果和相关数据的内存空间。工作空间窗口在 MATLAB 刚启动时为空,运行 MATLAB 的程序或命令时,除非删除或更改,否则产生的变量会一直保存在工作空间窗口中,用户可以随时查看工作空间窗口中的变量,直到关闭 MATLAB,工作空间窗口的数据也将不再存在。工作空间窗口可以显示当前变量的名称、数值、数据结构和类型等信息,如图 1-15 所示,此为命令窗口输入程序后工作空间窗口存入的变量。

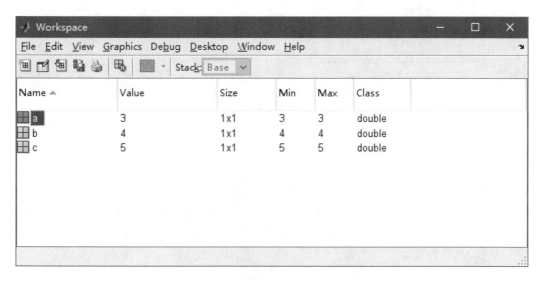

图 1-15　工作空间窗口存入的变量

:在工作空间窗口中添加新的变量。

:打开在工作空间窗口中选中的变量。

:向工作空间窗口中导入数据文件。

:保存工作空间窗口中的变量。

:删除工作空间窗口的变量。

:绘制工作空间窗口的变量,可以用不同类型的图表来绘制变量。

4. 历史命令窗口

历史命令窗口(Command History)主要用于记录用户在命令窗口中输入并执行的所有命令,并标明执行时间。双击命令行即可立即执行,避免用户重新输入。选中单行或多行命令(<Ctrl> + 鼠标左键),再单击鼠标右键,弹出如图 1 - 16 所示的上下文菜单。菜单中包含剪切、复制、运行(Evaluate Selection)、创建 M 文件(Create M-File)、创建快捷按钮(Create Shortcut)、分析代码(Profile Code)和删除等功能。

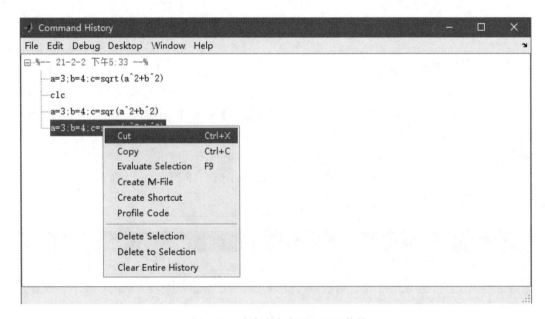

图 1 - 16   历史命令窗口上下文菜单

5. 当前路径窗口

当前路径窗口(Current Directory)用于显示当前工作路径中所有文件夹和所有类型的文件。如图 1 - 17 所示,用户可在此窗口中进行类似于文件管理器的功能,如新建文件或文件夹、删除文件或文件夹、打开文件和重命名文件等,还可以进行启动 M 文件、装载 MAT 文件等 MATLAB 特色功能。

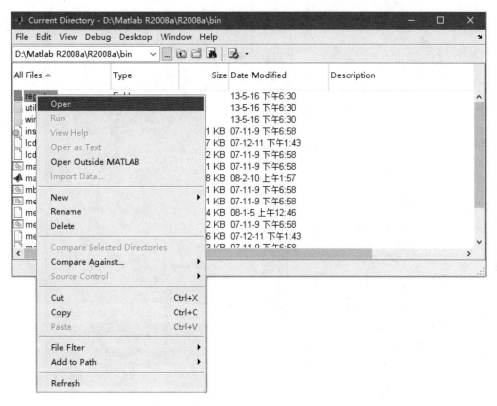

图 1 – 17　当前路径窗口上下文菜单

1.6　Simulink 的文件操作

　　由于 Simulink 是基于 MATLAB 对系统进行建模、仿真和分析的工具,因此操作 Simulink 之前必须先运行 MATLAB,然后才能运行 Simulink 进行仿真,进入 Simulink 可以采用以下几种方式。

1. 新建模型文件

　　在 MATLAB 操作界面的菜单栏中点击[File > New > Model]。

　　在 MATLAB 操作界面的工具栏中点击，如图 1 – 18 所示,进入 Simulink 模块库浏览器窗口,在其菜单栏中点击[File > New > Model],或在其工具栏中点击。

　　在 MATLAB 操作界面的命令窗口输入“simulink”命令,如图 1 – 18 所示,进入 Simulink 模块库浏览器窗口,在其菜单栏中点击[File > New > Model],或在其工具栏中点击。

2. 打开模型文件

　　在 MATLAB 操作界面的菜单栏中点击[File > Open]打开文件,或在工具栏中点击打开文件。

图 1 - 18　Simulink 模块库浏览器窗口

在 Simulink 模块库浏览器窗口选择菜单[File > Open]打开文件,或在工具栏中点击 📂 打开文件。

在 MATLAB 命令窗口直接输入模型文件名(该文件必须在当前搜索路径中,且不要加扩展名".mdl"),即可打开文件。

1.7　Simulink 的操作界面

打开或者新建模型,将出现如图 1 - 19 所示的 Simulink 操作界面。Simulink 操作界面主要由菜单、工具栏、状态栏以及模型框图窗口组成。菜单可进行文件、编辑、查看、仿真和帮助等功能的操作;工具栏可进行文件管理、对象管理和命令管理等常规操作以及对 Simulink 模型的仿真;状态栏提示仿真状态和算法;模型框图窗口可进行用户的仿真设计,用户只要稍加练习就可以掌握使用方法。这里仅介绍 Simulink 操作界面的常用内容。

1. Simulink 操作界面的菜单

Simulink 操作界面的菜单包括文件(File)、编辑(Edit)、查看(View)、仿真(Simulation)、格式(Format)、工具(Tools)与帮助(Help)等内容,每个菜单项都有下拉菜单,下拉菜单中每个选项都有具体功能,只要点击该选项即可执行该项功能。菜单常用项及功能说明见表 1 – 3。

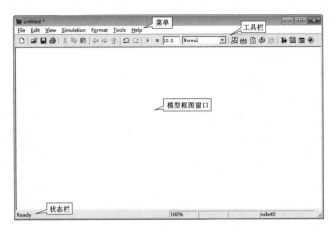

图 1 – 19　Simulink 操作界面

表 1 – 3　菜单常用项及功能说明

菜单名	菜单项	功能
File	New→Model	新建模型文件
	Model Properties	模型属性
	Preferences	Simulink 操作界面的参数选项
	Print...	打印模型
	Close	关闭模型文件
	Exit MATLAB	退出 MATLAB 系统
Edit	Copy Model To Clipboard	将模型拷贝到剪贴板上
	Create Subsystem	创建子系统
	Mask Subsystem...	封装子系统
	Look Under Mask	查看封装子系统的内部结构
	Update Diagram	更新模型框图的外观
View	Go To Parent	返回上一级
	Model Browser Options	模型浏览器设置
	Block Data Tips Options	鼠标位于模块上方时显示模块信息
	Library Browser	打开模块库浏览器
	Model Browser	打开模型浏览器
	Fit System To View	自动调整最合适的显示比例
	Normal	以正常比例(100%)显示模型

表 1 - 3(续)

菜单名	菜单项	功能
Simulation	Start/Stop	启动/停止仿真
	Pause/Continue	暂停/继续仿真
	Configuration Parameters...	仿真参数设置
	Normal	标准仿真模式
	Accelerator	加速仿真模式
Format	Text Alignment	文本对齐方式设置
	Flip Name	翻转模块名
	Show/Hide Name	显示/隐藏模块名
	Flip Block	翻转模块
	Rotate Block	旋转模块
	Library Link Display	显示库链接
	Show/Hide Drop Shadow	显示/隐藏模块阴影效果
	Port/Signal Displays	端口/信号信息显示
Tools	Simulink Debugger...	Simulink 调试器
	Data Class Designer	数据类型设计器
	Control Design	控制设计
	Parameter Estimation	参数评估

2. Simulink 操作界面的工具栏

Simulink 仿真平台中的工具栏包括文件管理类工具、对象管理类工具、命令管理类工具、仿真控制类工具和窗口切换类工具。文件、对象和命令管理类工具统称为常规操作工具，主要用于文件的新建、保存和打开，模块的剪切、复制和粘贴，操作的撤销与恢复。大部分软件都具有常规操作工具，本书不再赘述，这里主要介绍 Simulink 工具栏常用的特色工具。

▶ ■ 10.0 Normal ▼ :用于模型仿真的开始、暂停和停止以及仿真时间的设置、仿真模式的选择。

:编译并生成代码文件，点击菜单［Tools > Real-Time Workshop > Build Model］选项也能执行此操作。

:编译并生成子系统代码文件，点击菜单［Tools > Real-Time Workshop > Build Subsystem］选项也能执行此操作。

:更改模型框图的外观。

:打开 Simulink 模块库浏览器窗口。

:打开 Simulink 模型探索器窗口。

:打开 Simulink 模型浏览器窗口。

:打开 Simulink 调试窗口。

1.8　Simulink 的模块库

1. 启动模块库

启动 Simulink 模块库的常用方法有两种:在 MATLAB 操作界面的命令窗口中输入"simulink"命令,并单击 < Enter > 键,则弹出 Simulink 模块库浏览器窗口;或在 MATLAB 操作界面中单击工具栏中的 图标,也可打开 Simulink 模块库浏览器窗口,如图 1 - 20 所示。

2. Simulink 模块库的介绍

如图 1 - 20 所示,为方便用户快速查询,Simulink 模块库浏览器将各模块按树状结构进行分类,树状结构目录中各模块被分成标准模块库和专业模块库两大类,及其所包含的各二、三级子模块库。例如,标准模块库中有一个二级子模块库为常用模块库(Commonly Used Blocks),如图 1 - 21 所示,其中的模块均来自其他不同的子模块库,它的主要作用是方便用户快速找到常用的模块,而不必到模块所属库中寻找,提高建模的速度。

图 1 - 20　启动 Simulink 模块库

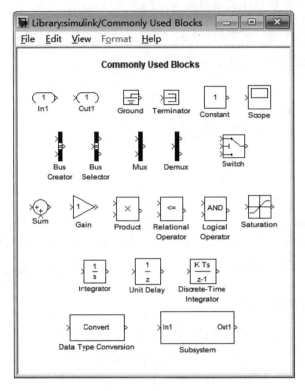

图 1-21　常用模块库

　　如图 1-22 所示,标准模块库是 MATLAB 最早开发的模块库,包括信号源模块库 (Sources)、接收器模块库(Sinks)、连续系统模块库(Continuous)、离散系统模块库 (Discrete)、非连续系统模块库(Discontinuities)、信号通路模块库(Signal Routing)、信号属性模块库(Signal Attributes)、数学运算模块库(Math Operations)、逻辑与位运算模块库(Logic and Bit Operations)、查表模块库(Lookup Tables)、用户自定义模块库(User-Defined Functions)、检测模块库(Model Verification)、端口和子系统模块库(Ports & Subsystems)、模型扩充模块库(Model-Wide Utilities)和附加数学与离散模块库(Additional Math & Discrete) 等多个模块子库。

　　由于 Simulink 在工程仿真领域的广泛应用,因此为满足在各领域研究与学习的需要, MathWorks 公司又开发出了通信系统、数字信号处理、电力系统和神经网络等多个专业模块库。在 Simulink 软件中,模块库的数量由用户自己安装决定,但对于电力系统仿真来说,至少要有 Simulink 标准模块库和电力系统模块库,如图 1-23 所示为电力系统模块库。

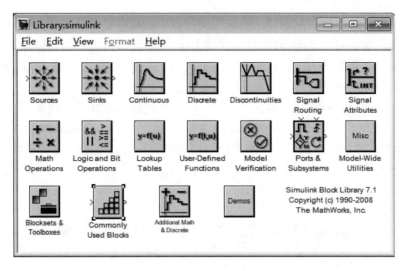

图 1 – 22　标准模块库

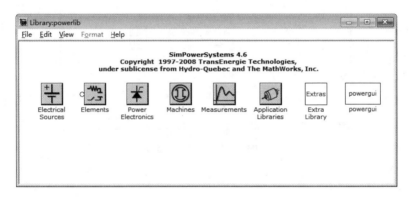

图 1 – 23　电力系统模块库

1.9　Simulink 的基本操作

1. 模块的基本操作

模块是构建 Simulink 仿真模型的基本元素,不同的模块具有不同的功能,因此可以将 Simulink 仿真建模的过程理解为从模块库中提取模块,再把它们相互连接,最后进行仿真的过程。模块的操作有很多,大部分操作只需鼠标与快捷键配合即可完成。下面将结合一个简单的建模示例,来介绍一些常用的基本操作。

【**例 1 – 1**】　系统输入信号为正弦信号 $u(t) = \sin t(t \geqslant 0)$,输出信号为输入信号与常数的乘积,即 $y(t) = au(t)(a \neq 0)$。请建立系统仿真模型,并以示波器时域波形显示系统的输出结果。

选取模块

构建 Simulink 仿真模型首先要从模块库浏览器中选取需要的模块放入 Simulink 操作界面。常用的操作方法有以下两种:在目标模块上按下鼠标左键,拖动目标模块进入 Simulink 操作界面中,松开鼠标左键;在目标模块上单击鼠标右键,弹出快捷菜单,选择 Add to Untitled 选项,目标模块就会自动出现在模型窗口上。

构建【例 1 - 1】模型,首先需要从标准模块库的子库中提取以下模块:信号源模块库(Sources)中的正弦信号模块(Sine Wave);数学模块库(Math Operations)中的增益模块(Gain),目的是将输入信号乘以一个常数;系统输出库(Sinks)中的示波器模块(Scope),目的是以时域波形显示输出结果。利用上面的方法,选择相应的模块并将其放入新建的模型窗口中,如图 1 - 24 所示。

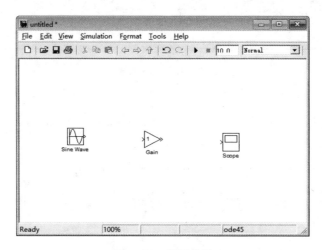

图 1 - 24　选取模块

选中模块

选中模块是大部分操作的前置操作,只有模块被选中,才能进行移动、复制和删除。若要选中某个模块,只需用鼠标指针单击需要的模块,即可被选定。若要选中多个模块,可以采用以下两种方法:按住 <Shift> 键,同时用鼠标单击所有需要的模块;按住鼠标左键,同时移动鼠标,使用虚线框括选所有需要的模块。

如图 1 - 25 所示,通过虚线框括选【例 1 - 1】系统中的正弦信号模块(Sine Wave)、信号增益模块(Gain)和示波器模块(Scope)。

移动模块和调整模块的大小

当移动模块时,在同一模型窗口移动模块,选中需要移动的模块,按住鼠标左键,将模块拖到合适的地方;在不同模型窗口之间移动模块,需要在移动鼠标的同时按住 <Shift> 键。特别注意当移动模块时,若模块之间有连线连接,连线也会随之移动。

调整模块的大小,选中目标模块,该模块的四角出现标记,用鼠标对四角的标记进行拖曳,即可放大或缩小模块。

如图 1 - 26 所示,通过鼠标左键,移动【例 1 - 1】系统中的正弦信号模块(Sine Wave);通过模块四角的标记,调整示波器模块(Scope)的大小。

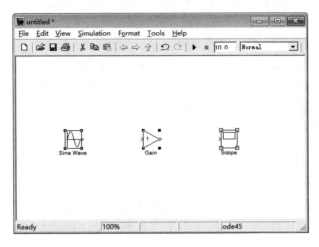

图 1 - 25　选中多个模块

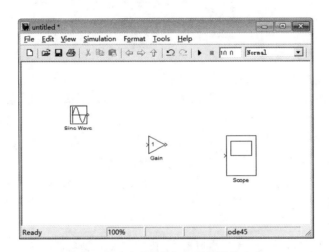

图 1 - 26　移动模块和调整模块的大小

删除和恢复模块

对于操作界面上的模块,如果不再需要则可以将其删除。常用的操作方法有以下两种:选中要删除的模块,按下 < Delete > 键来删除;或选中目标模块,同时按下 < Ctrl + X > 键,删除模块。被删除的模块可以通过点击菜单[Edit > Undo]选项或点击工具栏的撤销图标恢复。

复制模块

如果需要相同的模块,不必从模块库进行反复提取,可以使用复制功能,复制所需的模块。在同一模型窗口内复制模块:选中模块,按住鼠标右键,拖动模块到合适的地方,释放鼠标;或选中模块,按住 < Ctrl > 键,再用鼠标左键拖动模块到合适的地方,释放鼠标。

在不同模型窗口(包括模块库浏览器窗口)之间复制模块:选定模块,按住鼠标左键,将其拖到另一模型窗口;选定模块,使用菜单[Edit > Copy]和[Edit > Paste]选项,或使用 < Ctrl + C > 键和 < Ctrl + V > 键,或使用工具栏的复制和粘贴图标复制模块。

如图 1 – 27 所示,通过鼠标左键,拖曳【例 1 – 1】系统中的正弦信号模块(Sine Wave)到另一模型窗口;通过鼠标右键,在本模型窗口复制示波器模块(Scope)。

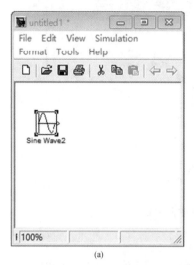

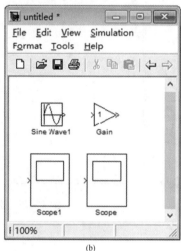

图 1 – 27　复制模块

旋转模块

默认状态下的模块输入端在左,输出端在右,但有时为了适应实际系统的方向,需要调整模块的方向,旋转模块。常用的方法有以下两种:点击菜单 [Format > Flip Block] 选项将选中的模块旋转 180°,点击菜单 [Format > Rotate Block] 选项将选中的模块旋转 90°;或使用 < Ctrl + I > 键、< Ctrl + R > 键将选中的模块旋转 180°、90°。

如图 1 – 28 所示,按照上述方法,将【例 1 – 1】系统中的信号增益模块(Gain)旋转 180°;将示波器模块(Scope)旋转 90°。

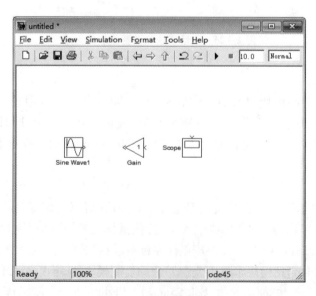

图 1 – 28　旋转模块

编辑模块标签

修改模块标签:点击模块标签,标签的四周出现虚线编辑框,就可对模块标签进行修改。当修改完毕,将光标移出编辑框,单击空白处即可完成修改。

改变模块标签位置:点击模块标签,出现编辑框后,用鼠标左键移动标签位置。

修改模块标签字体:选中模块,点击菜单[Format > Font]选项,打开字体对话框设置各项参数。

隐藏或显示模块标签:选中模块,点击菜单[Format > Hide/Show Name]选项,可以隐藏或显示模块标签。

翻转模块标签:选中模块,点击菜单[Format > Flip Name]选项,可以翻转模块标签。

如图 1-29 所示,将【例 1-1】系统中的正弦信号模块(Sine Wave)、信号增益模块(Gain)和示波器模块(Scope)的模块标签修改为 $u(t)$、a 和 $y(t)$。

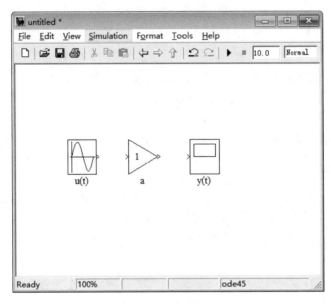

图 1-29　编辑模块标签

2. 信号线的基本操作

信号线是构建 Simulink 仿真模型中的另一类基本元素,它并不是简单的连线,它表示模块输入、输出端和各模块之间信号的传输方向。熟悉和正确使用信号线是构建模型的基础。

建立信号线

为了在模块之间建立信号联系,将光标指向某模块的输出端(起点),待光标变为十字后,按住鼠标左键,拖动至某模块的输入端(终点)并释放鼠标,即完成基本信号线的建立。

如图 1-30 所示,构建【例 1-1】模型的第二步,就是将系统中的正弦信号模块(Sine Wave)、信号增益模块(Gain)和示波器模块(Scope)用信号线依次相连。

斜信号线

在复杂的仿真模型中,有时为了模型整体的结构性,必须绘制斜线。具体方法是按住

<Shift>键,先将光标指向起点,待光标变为十字后,按住鼠标左键并拖动,直到信号线的终点。

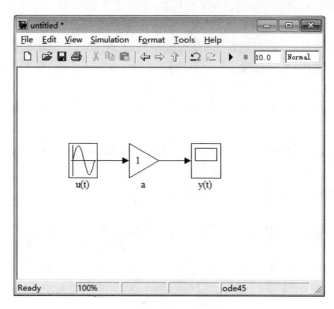

图 1 - 30　模块之间的基本连线

如图 1 - 31 所示,将【例 1 - 1】系统中的正弦信号模块(Sine Wave)和信号增益模块(Gain)用斜信号线相连。

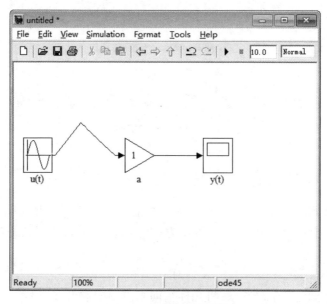

图 1 - 31　绘制斜信号线

移动折点

为了改变折线的走向,改善模型的外观,就需要移动折点,具体方法是首先选中折线,将光标指向待移动折点,当光标变为小圆圈时,按住鼠标左键,并拖至所需位置,释放鼠标。

移动和删除信号线

有时为了改善模型的外观,就要移动或删除某段信号线。移动的具体方法是选中目标信号线,按住鼠标左键,拖至所需位置,释放鼠标;删除的具体方法是选中目标信号线,按<Delete>键。

绘制分支线

在实际模型中,一个节点往往需要引出多个信号线,此时就需要绘制分支线。绘制分支线的方法如下:将光标指向需要分支的位置,按下鼠标右键,或者按住<Ctrl>键和鼠标左键,看到光标变为十字后,拖动光标至分支线的终点。

弯折线

在构建模型时,有时需要使信号线弯折,让出空白区域给其他模块。具体方法是在绘制信号线时,在需要弯折的地方,松开鼠标左键停顿一下,再继续按下鼠标左键,改变鼠标移动的方向就可画出弯折线。

如图 1 - 32 所示,将【例 1 - 1】系统中的正弦信号模块(Sine Wave)和信号增益模块(Gain)用弯折线相连。

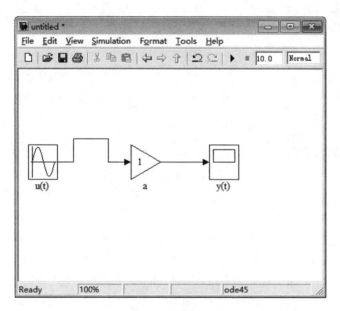

图 1 - 32　绘制弯折线

3. 模块参数的设置

连接系统各模块后,为了对动态系统进行仿真与分析,大多数模块都需要设置参数。模块参数的设置方法如下:双击仿真模块,打开模块的参数设置对话框,参数设置对话框包括模块简要介绍和参数设置栏,根据系统设计思路,在参数设置栏中输入合适的参数,不同模块的参数设置各有不同。如图 1 - 33 所示,对正弦信号模块(Sine Wave)的参数进行设置。如果对参数设置有疑问,可以点击对话框的 Help 选项获取帮助文件,特别注意参数设置在仿真运行中不可更改。

图 1 - 33　模块的参数设置

1.10　Simulink 仿真运行过程

在 Simulink 操作界面中建立起系统模型后,即可对系统模型进行仿真分析,一般使用模型窗口运行仿真(还可以通过命令窗口),其操作简明且人机交互性强,用户能够轻松地进行仿真算法及仿真参数的选择、定义和修改等操作。使用模型窗口运行仿真的操作过程如下。

1. 设置仿真参数

如图 1 - 34 所示,点击菜单[Simulation > Configuration Parameters]选项后,会弹出仿真参数设置对话框,用户可以通过仿真参数设置对话框,来设置仿真的参数及算法。

2. 启动仿真

完成仿真参数设置后,启动仿真。具体方法是点击菜单[Simulation > Start]选项或点击工具栏的启动图标启动仿真。

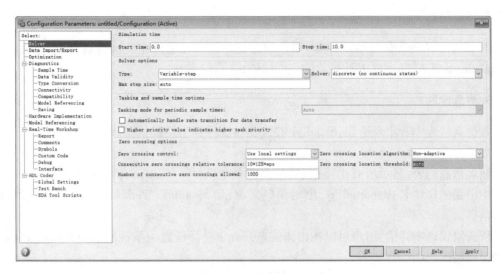

图 1 – 34　仿真参数设置对话框

3. 显示仿真结果

若建立的模型正确,选择的模块参数合适,则仿真模型将顺利运行。用户可以用信号显示模块,如示波器模块(Scope),观察仿真结果。

如图 1 – 35 所示,在【例 1 – 1】系统中各模块的参数设置完毕,系统仿真参数设置正确,单击菜单[Simulation > Start]选项,便可对系统模型进行仿真。仿真之后双击示波器模块(Scope),将弹出系统仿真结果的输出波形。

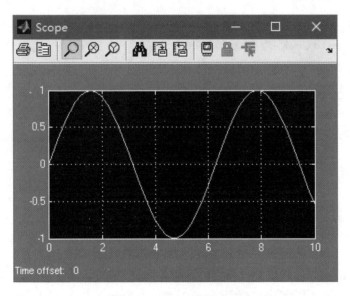

图 1 – 35　仿真输出波形

4. 停止仿真

对于仿真时间较长的模型,如果用户想在仿真结束之前停止此次仿真,可以点击菜单［Simulation＞Stop］选项或工具栏的停止图标停止仿真。

5. 仿真诊断

在仿真过程中若出现错误,Simulink 将终止仿真并弹出错误信息提示对话框,该对话框包含以下内容。

错误信息列表:显示所有出错信息,包含四个列项——Message,错误信息类型;Source,模型中出错的模块名;Reported by,出错信息来源,如 Simulink、Workshop 等;Summary,概括出错信息。

所选错误诊断详情:用户可以在出错信息列表中选择任意一条诊断,Simulink 将显示所选错误诊断的详细信息。

位置提示选项:点击 Open 选项,可打开出错位置并以黄色突出显示。

如图 1－36 所示,在【例 1－1】系统中删除各模块之间的信号线,运行仿真,将弹出错误信息提示对话框,提醒用户连接模块。

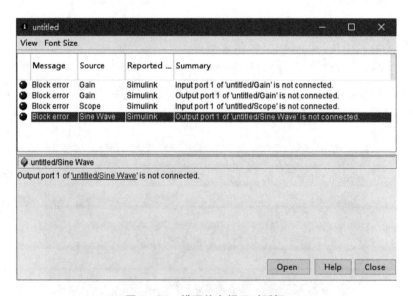

图 1－36　错误信息提示对话框

1.11　仿真算法简介

在 Simulink 的仿真过程中选择恰当的算法非常重要。Simulink 集成了多种求常微分方程、传递函数、状态方程解值的数学分析算法,主要包括欧拉法(Euler)、阿达姆斯法(Adams)和龙格－库塔法(Runge-Kutta)等求解算法,不同算法有不同的特点。在 Simulink 中,数值分析的仿真算法分为可变步长类算法(Variable-step Solver)和固定步长类算法(Fixed-step Solver)两大类。下面对这两类算法的特点进行简单介绍。

1. 可变步长类算法

可变步长类算法是在解算模型时可以自动调整步长的算法,并且减小步长值有利于提高仿真结果的精度。在 Simulink 中,可变步长类算法有如下几种。

(1)Ode45。这是一种显示 Runge-Kutta(4,5)与 Dormand-Prince 相结合的算法,是一种单步算法,即只要知道前一步长时间的解,就可以计算出当前时间的解。对于大多数仿真模型来说,首先使用 Ode45 来解算模型是最佳的选择,所以在 Simulink 的算法选择中将 Ode45 设为默认的算法。

(2)Ode23。这是一种显示 Runge-Kutta(2,3)和 Bogacki-Shampine 相结合的算法,也是一种单步算法,在容许误差和计算略带刚性的问题方面,该算法比 Ode45 要好。

(3)Ode113。这是一种可变阶数的 Adams-Bashforth-Moulton 算法,是一种多步算法,也就是只有知道前几步的解,才能计算出当前的解。在对误差要求很严格时,Ode113 较 Ode45 更适合。此算法不能求解刚性问题。

(4)Ode15s。这是一种可变阶数的数值微分算法(numerical differentiation formulas,NDFs),是一种多步算法,当遇到刚性问题或者使用 Ode45 求解很慢时,可以考虑这种算法。

(5)Ode23s。这是一种改进的二阶 Rosenbrock 算法,是一种固定阶次的单步算法,在容许误差较大时,Ode23s 比 Ode15s 有效,所以在解算部分 Ode15s 无法处理的刚性问题时,可以使用 Ode23s。

(6)Ode23t。这是一种采用自由内插方法的梯形算法。如果模型具有刚性且要求解值没有数值衰减,可以使用该算法。

(7)Ode23tb。采用 TR-BDF2 算法,即在 Runge-Kutta 算法的第一阶段用梯形法,第二阶段用二阶的向后微分算法(backward differentiation formulas)。在容许误差比较大时,Ode23tb 比 Ode15s 更有效,且可以求解刚性问题。

2. 固定步长类算法

固定步长类算法,是指在解算模型的过程中步长固定不变的算法。在 Simulink 中,固定步长类算法有如下几种。

(1)Ode5:固定步长的 Ode45 算法,适用于大多数离散或连续系统,不适用于刚性问题。

(2)Ode4:四阶的 Runge-Kutta 算法。

(3)Ode3:固定步长的 Bogacki-Shampine 算法,采用当前状态值和状态导数的显函数来计算模型在下一个时间步的状态。

(4)Ode2:采用固定步长的 2 阶 Runge-Kutta 算法,也称 Heun 算法。

(5)Ode1:Euler 算法。

1.12　示波器模块的使用

1. 示波器模块窗口

示波器模块(Scope)是 Simulink 仿真模块库中非常重要的模块,不但可以显示仿真结果的波形,而且可以保存数据结果,是仿真分析的常用人机交互手段。如图 1 - 37 所示,双击示波器模块框图,即可弹出示波器模块窗口。

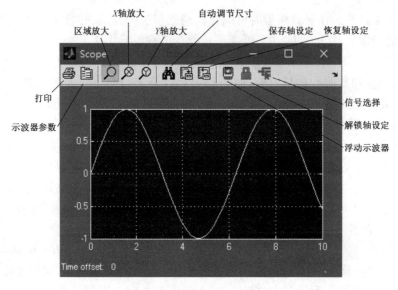

图 1-37　示波器模块窗口

2. 设置示波器参数

示波器模块的参数设置对用户观察和分析仿真结果影响很大。只有合理设置示波器仿真参数,才能得到最佳的显示效果。点击 图标,设置示波器参数对话框,如图 1-38 所示。该对话框中含有两个标签页,分别为常规标签页(General)和数据标签页(Data history)。

(a)

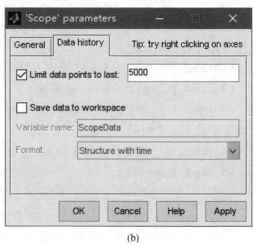

(b)

图 1-38　示波器参数对话框

常规标签页

坐标个数文本框(Number of axes)用于设定示波器的 Y 轴数量,即示波器的输入信号端口的个数,默认值为 1,即该示波器可以观察一路信号。若将其设为 2,则可以同时观察两路信号,示波器的图标自动变为两个输入端口。以此类推,一个示波器可设置为同时观察多路信号。如图 1 - 39 所示,将该项参数设置为 2 后,示波器模块及示波器窗口发生改变。

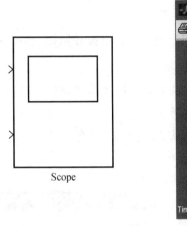

(a)

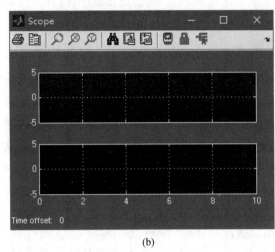

(b)

图 1 - 39　示波器模块及示波器窗口

时间范围文本框(Time range)用于设定示波器时间轴的最大值,若选自动(Auto),X 轴自动以系统的仿真起始和终止时间作为示波器的显示时间范围。

单位标签下拉框(Tick labels)用于选择标签位置。

采样下拉框(Sampling)用于选择数据取样方式,包括抽样(Decimation)和时间采样(Sample time)两种方式。抽样表示当采样文本框输入数据 N 时,从每 N 个输入数据中抽取一个数据显示,该文本框默认值为 1,表示所有输入数据均显示。若采用时间采样方式,则需要在采样文本框中输入采样的时间间隔,并按采样间隔提取数据显示。

数据标签页

仅显示最新数据复选框(Limit data points to last)用于数据显示个数设置。选中后,其后的文本框被激活,默认值为 5000,表示示波器仅显示最后的 5 000 个数据;若不选该项,所有数据都显示。

保存数据至工作空间复选框(Save data to workspace)用于显示数据并保存数据到 MATLAB 工作空间窗口中。若选中该项,才可以设置该复选框中另外两个参数,变量名文本框用于设置保存数据的名称,以便识别保存在 MATLAB 工作空间中的示波器数据。格式文本框用于设置保存数据的格式。保存格式有以下三种:数组(Array)表示只保存示波器的输入数据;带时间的结构变量(Structure with time)表示保存示波器输入数据,同时保存时间;结构(Structure)表示仅以结构格式保存变量。

3. 波形显示调节

波形缩放

在示波器中显示仿真波形时,有时需要对波形显示区域和坐标轴大小进行适当调整,以达到最佳显示效果。示波器窗口的工具栏提供了以下图标用以进行波形缩放操作。

🔍:表示区域放大功能,点击该图标,在需要放大的区域上按住鼠标左键,并用一个矩形框框住需要放大的区域,松开鼠标左键,放大显示该区域。

🔍:表示沿 X 轴放大波形,点击该图标,在需要放大的区域按住鼠标左键,并沿 X 轴上下拖曳波形,松开鼠标左键,则沿 X 轴放大显示波形。

🔍:表示沿 Y 轴放大波形,点击该图标,在需要放大的区域按住鼠标左键,并沿 Y 轴上下拖曳波形,松开鼠标左键,并沿 Y 轴放大显示波形。

🔭:自动调整示波器的横轴和纵轴,完全显示仿真时间和输入数据值域。

坐标轴范围

示波器的 X 轴和 Y 轴的取值范围默认由软件自动设定,当用户需要自定义 Y 轴坐标范围时,可以利用轴属性对话框(Scope properties...)进行设置,如图 1-40 所示,在示波器模块窗口波形显示区单击鼠标右键,选择快捷菜单中 Axes properties 选项,弹出轴属性对话框(Scope properties...)。其中的 Y-min 与 Y-max 项用来设置 Y 轴显示数值范围;Title 项用来设置显示信号名称。

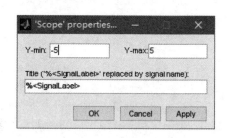

图 1-40 轴属性对话框

如图 1-41 所示,对【例 1-1】系统模型进行仿真,仿真之后双击示波器模块(Scope),并通过轴属性对话框(Scope properties...)设置 Y-min 为 -5,Y-max 为 5,Y 轴数值域发生变化。

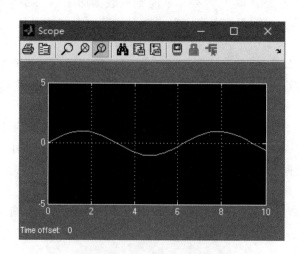

图 1-41 Y 轴数值域发生变化

1.13　仿真建模的一般步骤

本章的【例 1 – 1】介绍了一个简单的 Simulink 仿真示例,通过对该示例的学习,初学者可能会误认为 Simulink 仿真建模非常简单,只需要使用鼠标选择模块,然后再用信号线连接模块,最后运行仿真、观察结果,即可完成仿真建模过程。但事实上【例 1 – 1】是一个简单的、过于理想化的模型。在实际的工程仿真中,影响建模的因素要复杂得多,我们需要进一步学习和掌握 Simulink 中更为深层的内容。当利用 Simulink 仿真建模来解决实际工程问题时,其一般步骤如下:

(1)分析系统结构,确定待建模型的层次和功能。

(2)启动 Simulink 模块库浏览器窗口,新建空白模型。

(3)在模块库中找到所需模块,并添加至空白模型窗口中,按照系统设计放好各个模块,并用信号线连接各模块。

(4)如果系统复杂烦琐,可以根据功能将模块封装成多个子系统,使系统模型层次更加分明、结构更加简洁。

(5)设置各模块参数以及仿真参数。

(6)保存模型,模型文件的扩展名为. mdl。

(7)运行仿真,观察结果。

(8)调试模型。如果仿真出现错误或仿真结果与理论不符,就需要进行仿真调试。查看系统仿真的每个环节,找出原因并修改,再进行仿真直至结果满足要求为止。

第2章 电力仿真基础知识

2.1 启动电力系统仿真模块库

启动电力系统仿真模块库的常用方法有两种:在 MATLAB 操作界面的命令窗口中输入"powerlib"命令,并单击 < Enter > 键,则弹出电力系统模块库窗口;或如图 2 – 1 所示,在 MATLAB 操作界面中单击开始(Start)导航区的[Simulink > SimPowerSystems > Block library]选项,也可打开电力系统仿真模块库窗口。

图 2 – 1 启动电力系统仿真模块库

2.2 电力系统仿真模块库简介

电力系统仿真模块库是专用于 RLC 电路、电力电子电路、电机传动控制系统和电力系统仿真的模块库。该模块库中包含了各种交/直流电源、大量电气元器件,以及相应的测量仪表和分析工具等。利用这些模块可以模拟电力系统的各种运行和故障状态,简化编程工

作,以直观的方式对电力系统进行仿真分析。本节以 MATLAB 2008a/Simulink 7.1/
SimPowerSystems 4.6 为例进行模块介绍。

电力系统仿真模块库在 Simulink 模块库浏览器中名为 SimPowerSystems 子库,它包括了
电源子库(Electrical Sources)、元件子库(Elements)、电力电子子库(Power Electronics)、电机
子库(Machines)、测量子库(Measurements)、应用子库(Application Libraries)、附加子库
(Extra Library)和一个功能强大的电力图形用户界面(Powergui,即 Power Graphical User
Interface)。

1. 电源子库

如图 2 - 2 所示,电源子库提供了 8 种电源模块,分别是单相交流电流源模块(AC
Voltage Source)、单相交流电压源模块(AC Voltage Source)、单相受控电流源模块(Controlled
Current Source)、单相受控电压源模块(Controlled Voltage Source)、直流电压源模块(DC
Voltage Source)、三相可编程电压源模块(Three-Phase Programmable Voltage Source)、三相电
源模块(Three-Phase Source)和电池模块(Battery)。

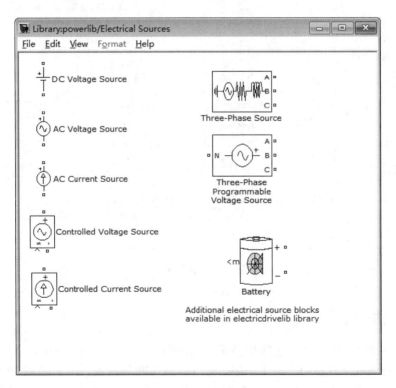

图 2 - 2　电源子库

2. 元件子库

如图 2 - 3 所示,元件子库提供了 32 种常用的电气元件模块,其中有 10 种变压器模块
(包括耦合电路)、3 种线路模块、3 种断路器模块和 16 种元器件模块。

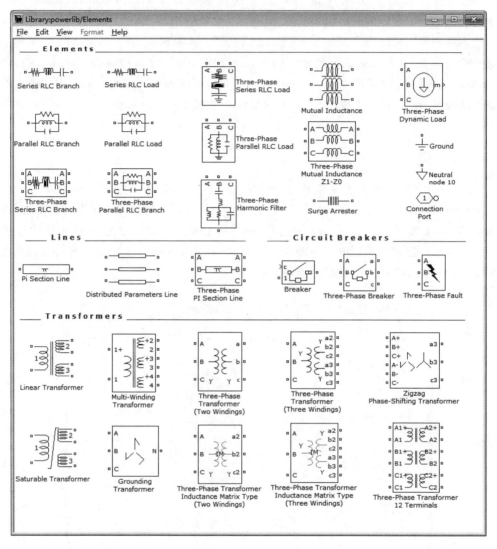

图 2-3　元件子库

3. 电力电子子库

如图 2-4 所示,电力电子子库提供了 10 种模块,分别是二极管(Diode)、简化晶闸管(Thyristor)、详细晶闸管(Detailed Thyristor)、门极可关断晶闸管(Gto)、绝缘栅双极晶体管(IGBT)、场效应晶体管(Mosfet)、反并联二极管的 IGBT(IGBT/Diode)、理想开关(Ideal Switch)、通用桥式电路(Universal Bridge)和三电平桥式电路(Three-Level Bridge)模块。

4. 电机子库

如图 2-5 所示,电机子库提供了 19 种常用的电机模块,其中有 2 种简化的同步电机、1 种永磁同步电机、3 种标准同步电机、3 种异步电机、4 种直流电机、1 种励磁系统、1 种水轮机及调速器、1 种汽轮机及调速器、2 种电力系统稳定器和 1 种电机测量信号分离模块。电机模块的单位有标幺制和国际单位制。电机模块既可作为电动机使用,也可作为发电机使用。

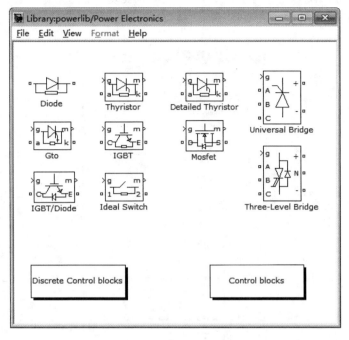

图 2 – 4　电力电子子库

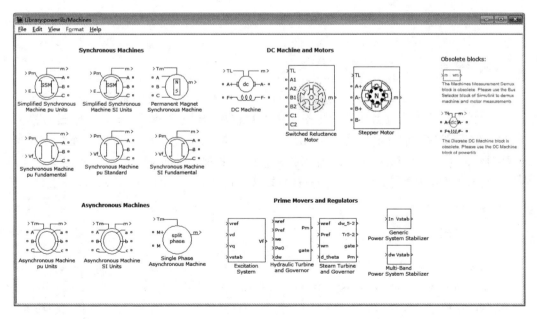

图 2 – 5　电机子库

5.测量子库

如图 2 - 6 所示,测量子库中的模块有 5 种,分别是电压测量模块、电流测量模块、阻抗测量模块、三相电压电流测量模块和万用表模块。

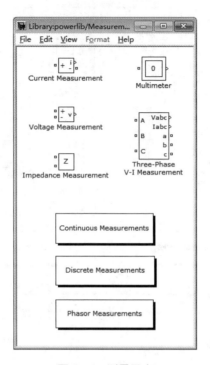

图 2 - 6　测量子库

6.应用子库

应用子库包含了 3 个子库,分别是电力传动设备子库、柔性交流输电系统(FACTS)子库和分布式电源子库。电力传动设备子库中含有直流传动设备模块、交流传动设备模块、轴系及减速器模块和额外电源模块;FACTS 子库中含有高压直流输电(HVDC)系统模块、基于 FACTS 的电力电子模块和特殊变压器模块;在 SimPowerSystems 4.6 中,分布式电源子库中只含有风能发电系统模块。相对而言这些模块都比较复杂,用户可以在具体应用时参看官方帮助文件与演示。

7.附加子库

如图 2 - 7 所示,附加子库包含 5 个子模块库,分别涉及测量模块(Measurements)、离散测量模块(Discrete Measurements)、控制模块(Control Blocks)、离散控制模块(Discrete Control Blocks)、相量模块(Phasor Library)等相关内容,包括有效值测量、有效和无功功率计算、傅里叶分析、HVDC 控制、轴系变换、三相伏安测量、三相脉冲和信号发生、三相序列分析、三相锁相环和同步脉冲发生器等模块。

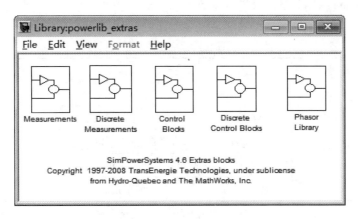

图 2-7　附加子库

2.3　同步电机模块

1. 简化同步电机模块

在简化同步电机模块中,电机电气部分采用忽略电枢反应电感、励磁绕组和阻尼绕组漏感,仅由理想电压源串联 RL 线路组成的电路模拟,其中 R 值和 L 值分别为电机的内阻抗。这是一种只考虑转子动态的二阶模型,忽略暂态凸极效应。

电力系统仿真模块库中提供了标幺制单位下的简化同步电机模块(Simplified Synchronous Machine pu Units)和国际单位制下的简化同步电机模块(Simplified Synchronous Machine SI Units),如图 2-8 所示,其中图 2-8(a)是标幺制单位下的简化同步电机模块,图 2-8(b)是国际单位制下的简化同步电机模块。简化同步电机的两种模块本质上是一致的,唯一不同的是参数所选用的单位不同。

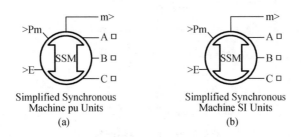

Simplified Synchronous
Machine pu Units
(a)

Simplified Synchronous
Machine SI Units
(b)

图 2-8　简化同步电机模块示意图

简化同步电机模块的端子功能如下。

Pm:电机的机械功率端子。P_m 的值是大于零的,可以是常数,也可以是原动机的输出功率。E:电机内部电源的电压端子,可以是常数,也可以由电压调节器提供。A、B、C:电机定子三相电压的输出端子。m:包含 12 路信号的矢量端子,这些信号的定义见表 2-1。在电力系统仿真模块库中,可利用电机子库(Machines)的电机测量信号分离模块(Machines

Measurement Demux)对 12 路信号进行分离。

表 2-1　简化同步电机模块输出信号

输出	符号	端口	定义	单位
1~3	i_{sa}, i_{sb}, i_{sc}	is_abc	定子三相电流	A 或者 p.u.
4~6	V_a, V_b, V_c	vs_abc	定子三相电压	V 或者 p.u.
7~9	E_a, E_b, E_c	e_abc	电机内部三相电源电压	V 或者 p.u.
10	θ	theta	转子角度	rad
11	ω_m	wm	转子角速度	rad/s 或者 p.u.
12	P_e	Pe	电磁功率	V·A 或者 p.u.

以标幺制简化同步电机模块为例,利用标幺制简化同步电机模块的参数设置对话框如图 2-9 所示,可对其进行参数设置。两种简化同步电机模块的参数设置高度相似,具体包括如下参数。

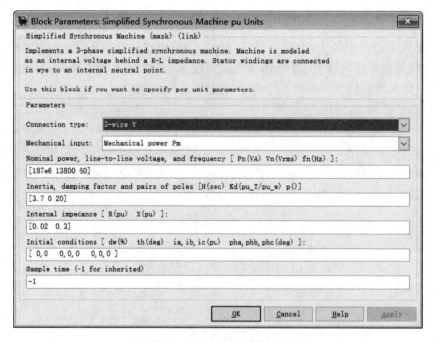

图 2-9　简化同步电机模块的参数设置对话框

连接类型(Connection type):用来设置电机的连接类型,分为星形 3 线制连接和星形 4 线制连接,即中线可见。

机械输入(Mechanical input):设置电机的机械输入类型,可选择机械功率 P_m 或转子转速 ω。

额定功率、线电压和频率(Nominal power, line-to-line voltage and frequency):电机三相额定视在功率 $S_N(V·A)$、额定线电压有效值 $U_N(V)$、额定频率 $f_N(Hz)$。

转动惯量、阻尼系数、极对数(Inertia,damping factor and pairs of poles):电机的转动惯量 $J(\mathrm{kg \cdot m^2})$ 或惯性时间常数 $H(\mathrm{s})$、阻尼系数 K_d 和极对数 p。

内部阻抗(Internal impedance):电机单相电阻 $R(\Omega$ 或 p. u. $)$ 和电抗 $L(\mathrm{H}$ 或 p. u. $)$。R 和 L 为电机内阻抗,允许设置 R 为零,但 L 必须大于零。

初始条件(Initial conditions):发电机的初始速度偏移 $\Delta\omega(\%)$、转子初始角 $\theta(°)$、线电流幅值 i_a、i_b、$i_\mathrm{c}(\mathrm{A}$ 或 p. u. $)$ 和相角 ph_a、ph_b、$ph_\mathrm{c}(°)$。初始条件可由 Powergui 模块自动获取。

2. 同步电机模块

在同步电机模块中模拟隐极或凸极同步电机的动态模型,可通过设置机械功率来表示同步电机的运行状态,当作为发电机运行状态时,机械功率为正值;当作为电动机运行状态时,机械功率为负值。电力系统仿真模块库中提供了 3 种同步电机模块,用于对三相隐极或凸极同步电机进行动态建模,具体包括:标幺制下基本同步电机模块(Synchronous Machine pu Fundamental),如图 2 - 10(a)所示;国际单位制下基本同步电机模块(Synchronous Machine SI Fundamental),如图 2 - 10(b)所示;标幺制下标准同步电机模块(Synchronous Machine pu Standard),如图 2 - 10(c)所示。

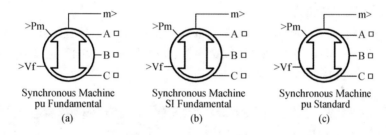

图 2 - 10 同步电机模块示意图

同步发电机模块的端子功能如下。

Pm:发电机的机械功率端子。P_m 的值是大于零的,可以是常数,也可以是函数或原动机的输出功率。

Vf:发电机的励磁电压端子,由发电机励磁系统调压器提供。

A、B、C:发电机定子三相电压的输出端子。

m:包含 22 路信号的矢量端子,这些信号的定义见表 2 - 2。在电力系统仿真模块库中,可利用电机子库(Machines)的电机测量信号分离模块(Machines Measurement Demux)对 22 路信号进行分离。

表 2 - 2 同步电机模块输出信号

输出	符号	端口	定义	单位
1~3	i_{sa}, i_{sb}, i_{sc}	is_abc	定子三相电流	A 或 p. u.
4,5	i_{sq}, i_{sd}	is_qd	定子 q 轴和 d 轴电流	A 或 p. u.
6~9	i_{fd}, i_{kq1}, i_{kq2}, i_{kd}	ik_qd	励磁电流、q 轴和 d 轴阻尼绕组电流	V 或 p. u.
10,11	Φ_{mq}, Φ_{md}	phim_qd	q 轴和 d 轴磁通量	V·s 或 p. u.

表 2-2(续)

输出	符号	端口	定义	单位
12,13	V_q, V_d	vs_qd	定子 q 轴和 d 轴电压	V 或 p.u.
14	$\Delta\theta$	d_theta	转子角偏移量	rad
15	ω_m	wm	转子角速度	rad/s
16	P_e	Pe	电磁功率	V·A 或 p.u.
17	$\Delta\omega$	dw	转子角速度偏移	rad/s
18	θ	theta	转子机械角	rad
19	T_e	Te	电磁转矩	N·m 或 p.u.
20	δ	Delta	功率角	deg
21~22	P_{eo}, Q_{eo}	Peo, Qeo	输出的有功和无功功率	V·A 或 p.u.

同步电机模块的参数可通过其参数对话框来设置,下面分别对 3 种同步电机模块的参数设置进行说明。

标幺制基本同步电机模块

如图 2-11 所示为标幺制基本同步电机模块参数对话框,具体包括如下参数。

预设模型(Preset model):自动设定额定容量、线电压、频率和额定速度等电机参数。若不使用模块预设的电机参数,选择 No。

(a)

(b)

图 2-11　标幺制基本同步电机模块参数对话框

机械输入(Mechanical input):设置电机的机械驱动类型,可选择机械转矩 T_m 或发电机转子转速 ω。

转子类型(Rotor type):用于设置转子类型,分为凸极机和隐极机。

额定功率、线电压和频率(Nominal power,line-to-line voltage and frequency):同步发电机三相额定功率 P_N(V·A)、额定线电压有效值 U_N(V)和额定频率 f_N(Hz)。

定子参数(Stator):发电机定子电阻 R_s(p. u.)、漏抗 L_1(p. u.)和 d 轴、q 轴的励磁电抗 L_{md}(p. u.)、L_{mq}(p. u.)。

励磁参数(Field):归算到定子侧的励磁电阻 R'_f(p. u.)和励磁漏抗 L'_{lfd}(p. u.)。

阻尼绕组(Dampers):归算到定子侧的阻尼绕组 d 轴、q 轴电阻 R'_{kd}(p. u.)、R'_{kq}(p. u.)和漏抗 L'_{1kd}(p. u.)、L'_{1kq}(p. u.)。

惯量、摩擦系数和极对数(Inertia coefficient,friction factor,pole pairs):发电机的转动惯量 J(kg·m^2)或惯性时间常数 H(s)、摩擦系数 F(p. u.)和极对数 p。

初始条件(Inititial conditions):发电机的初始速度偏移 $\Delta\omega$(%),转子初始角 θ(°),线电流幅值 i_a、i_b、i_c(A 或 p. u.)和相角 ph_a、ph_b、ph_c(°),初始励磁电压 U_f(V)。初始条件可由 Powergui 模块自动获取。

饱和仿真(Simulate saturation):设置发电机定子和转子铁芯是否处于饱和状态。若需要考虑定子和转子的饱和情况,则选中该复选框,在该复选框下将出现如图 2 - 12 所示的文本框,在文本框中输入矩阵代表铁芯饱和特性。先输入饱和后的励磁电流值(p. u.),再输入饱和后的定子输出电压值(p. u.),电流和电压值之间用分号分隔,相邻电流、电压之间用空格或逗号分隔。电压基准值为额定线电压有效值,电流基准值为额定励磁电流值。

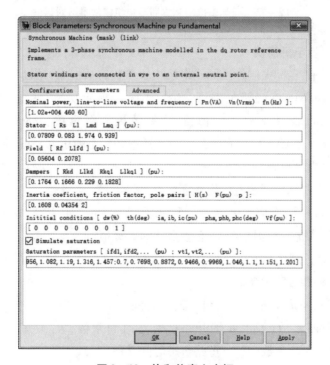

图 2 - 12　饱和仿真文本框

国际单位制基本同步电机模块

如图 2 – 13 所示为国际单位制基本同步电机模块参数对话框。模块参数的定义与标幺制基本同步电机模块相似,主要区别在于输入数据的单位不同,SI 基本同步电机模块参数的数值为国际单位制。

(a)　　　　　　　　　　　　(b)

图 2 – 13　国际单位制基本同步电机模块参数对话框

标幺制标准同步电机模块

如图 2 – 14 所示,在标幺制标准同步电机模块参数对话框中,预设模型(Preset model),机械输入(Mechanical input),转子类型(Rotor type),额定功率、线电压和频率(Nominal power,line-to-line voltage,frequency),惯量、摩擦系数和极对数(Inertia coefficient,friction factor and pole pairs),初始条件(Initial condition),饱和状态的仿真(Simulate saturation)与标幺制基本同步电机模块相同。

除此之外,标幺制标准同步电机模块还含有如下参数。

电抗(Reactances):d 轴同步电抗 X_d、暂态电抗 X'_d、次暂态电抗 X''_d,q 轴同步电抗 X_q、暂态电抗 X'_q、次暂态电抗 X''_q、漏抗 X_1,所有参数均为标幺值。

d 轴和 q 轴时间常数(d axis time constants,q axis time constants):设置 d 轴和 q 轴的时间常数,有两种开路和短路类型。

时间常数(Time constants):d 轴和 q 轴的时间常数(s),包括 d 轴开路暂态时间常数(T'_{d0})/短路暂态时间常数(T'_d),d 轴开路次暂态时间常数(T''_{d0})/短路次暂态时间常数(T''_d),q 轴开路暂态时间常数(T'_{q0})/短路暂态时间常数(T'_q)。

定子电阻(Stator resistance):定义定子电阻 R_s(p. u.)。

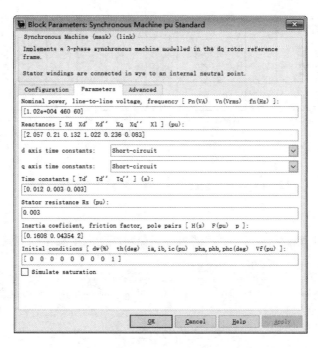

图 2 - 14　标幺制标准同步电机模块参数对话框

2.4　电力变压器模块

1. 三相双绕组变压器

在电力系统模块库中,提供的三相双绕组变压器模块(Three-Phase Transformer(Two Windings))如图 2 - 15 所示,通过其可进行三相双绕组线性变压器和铁芯变压器的仿真。

变压器一、二次侧绕组的连接方式有以下 5 种。

Y 形连接:3 个电气连接端口(A、B、C 或 a、b、c)。

Yn 形连接:4 个电气连接端口(A、B、C、N 或 a、b、c、n),绕组中线可见。

Yg 形连接:3 个电气连接端口(A、B、C 或 a、b、c),模块内部绕组接地。

Δ(D1)形连接:3 个电气连接端口(A、B、C 或 a、b、c),角形绕组滞后星形绕组 30°。

Δ(D11)形连接:3 个电气连接端口(A、B、C 或 a、b、c),角形绕组超前星形绕组 30°。

不同连接方式的变压器对应不同图标。如图 2 - 16 所示为 4 种典型连接方式下三相双绕组变压器图标,分别为 Yg - Y、Δ - Yg、Δ - Δ 和 Y - Δ 形连接变压器。

如图 2 - 17 所示为三相双绕组变压器模块参数对话框,对话框中含有如下参数。

一次绕组连接方式(Winding 1 connection):选择一次绕组的连接方式。

二次绕组连接方式(Winding 2 connection):选择二次绕组的连接方式。

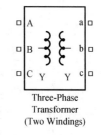

Three-Phase
Transformer
(Two Windings)

图 2 - 15　三相双绕组变压器模块

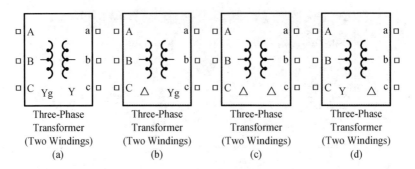

图 2-16　4 种典型连接方式下三相双绕组变压器图标

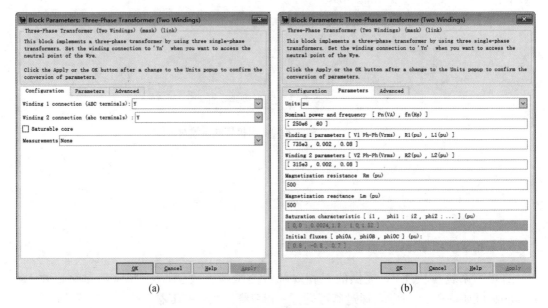

图 2-17　三相双绕组变压器模块参数对话框

　　铁芯饱和状态(Saturable core):若选中该项,则模拟变压器的铁芯饱和状态,并且三相双绕组变压器模块图标变为如图 2-18 所示。

　　设定磁通初始值(Specify initial fluxes):只有选中变压器铁芯饱和状态时,才显示该项。若选中该项,则磁通初始值(Initial fluxes)参数用[phi0A,phi0B,phi0C]表示,其中变压器各项初始磁通均为标幺值。

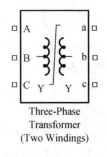

图 2-18　饱和变压器的图标

　　测量(Measurements):用于测量变压器绕组的电压、电流、磁通等变量。从电力系统仿真模块库的测量子库中选择万用表模块(Multimeter),可以在仿真过程中对设定的变量进行观察。

　　单位(Units):变压器参数的单位可选择有名值(SI)或标幺值(p.u.)。

额定功率和额定频率(Nominal power and frequency):变压器的额定功率(V·A)和额定频率(Hz)。

一次绕组的参数(Winding parameters):一次绕组的线电压有效值(V)、电阻(p.u.)和漏抗(p.u.)。

二次绕组的参数(Winding parameters):二次绕组的线电压有效值(V)、电阻(p.u.)和漏抗(p.u.)。

励磁铁芯电阻(Magnetization resistance Rm):反映变压器铁芯的励磁电阻(p.u.)。

励磁铁芯电感(Magnetization reactance Lm):反映变压器铁芯的励磁电感(p.u.)。若变压器选择铁芯饱和状态,则不显示该参数。

饱和特性(Saturation characteristic):只有选中变压器铁芯饱和状态时,才显示该项,表示电流与磁通的关系。

2. 三相三绕组变压器

在电力系统模块库中,提供的三相三绕组变压器模块(Three-Phase Transformer(Three Windings))如图2-19所示,通过其可进行三相三绕组线性变压器和铁芯变压器的仿真。

如图2-20所示,在三相三绕组变压器模块参数对话框中,第一绕组连接方式(Winding 1 connection)、第二绕组连接方式(Winding 2 connection)、铁芯饱和状态(Saturable core)、测量(Measurements)、单位(Units)、额定功率和额定频率(Nominal power and frequency)、第一绕组的参数(Winding 1 parameters)、第二绕组的参数(Winding 2 parameters)、励磁铁芯电阻

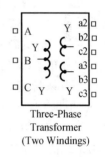

图2-19　三相三绕组变压器模块

(Magnetization resistance Rm)、励磁铁芯电感(Magnetization reactance Lm:反映变压器铁芯的励磁电感(p.u.))和饱和特性(Saturation characteristic)与三相双绕组变压器模块相同。

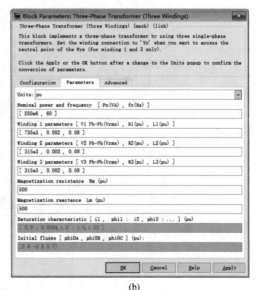

(a)　　　　　　　　　　　　　　　　(b)

图2-20　三相三绕组变压器模块参数对话框

除此之外,三相三绕阻变压器模块还含有如下参数。

第三绕组连接方式(Winding 3 connection):选择第三绕组的连接方式。

第三绕组的参数(Winding 3 parameters):第三绕组的线电压有效值(V)、电阻(p. u.)和漏抗(p. u.)。

2.5　输电线路模块

1. RLC 串联支路模块

输电线路的参数指线路的电阻、电抗、电纳和电导。严格来说,这些参数是均匀分布的,即使是极短的一段线路,都有相应大小的电阻、电抗、电纳和电导,因此精确地建模非常复杂。在输电线路不长且仅需分析线路端口状况,即两端电压、电流、功率时,通常可不考虑线路的这种分布参数特性;当线路较长时,则需要用双曲函数研究均匀分布参数的线路;当研究开关开合的瞬变过程等含有高频暂态分量的问题时,就需要考虑分布参数的特性,应该使用分布参数线路模块。

在电力系统中,对于电压等级不高且长度不超过 100 km 的架空线路,通常忽略线路电容的影响,用 RLC 串联支路(Series RLC Branch)来等效。如图 2 - 21 所示为电力系统仿真模块库中的 RLC 串联支路模块。

Series RLC Branch

图 2 - 21　RLC 串联支路模块

如图 2 - 22 所示,双击 RLC 串联支路模块,则弹出该模块的参数对话框。

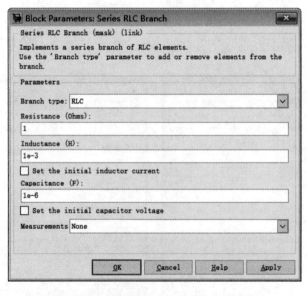

图 2 - 22　RLC 串联支路模块参数对话框

该对话框中含有以下参数。

线路类型（Branch type）：用来设置模块的类型，共有 RLC、RC、RL、LC、R、L、C 和开路等 8 种类型。

电阻（Resistance）：用以设置模块电阻 $R(\Omega)$。

电感（Inductance）：用以设置模块电感 $L(H)$。

电容（Capacitance）：用以设置模块电容 $C(F)$。

测量参数（Measurements）：可对支路电压（Branch voltages）、支路电流（Branch currents）或支路电压和电流（Branch voltages and currents）进行测量，测量的变量需要通过万用表模块才能进行观察。

2. PI 型等效电路模块

在电力系统中，对于长度大于 100 km 且不超过 300 km 的架空线路以及较长的电缆线路，电容的影响一般是不能忽略的。因此，潮流计算、暂态稳定性分析等计算中常使用 PI 型等效电路模块。如图 2 – 23 所示，电力系统仿真模块库中 PI 型等效电路模块包括单相 PI 型等效电路模块（PI Section Line）和三相 PI 型等效电路模块（Three-phase PI Section Line）。

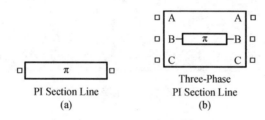

图 2 – 23　PI 型等效电路模块

如图 2 – 24 所示，双击三相 PI 型等效电路模块，则打开其参数对话框，三相 PI 型等效电路模块对话框包含如下参数。

用于 RLC 规范的频率（Frequency used for RLC specifications）：用于设置输电线路的频率（Hz）。

正序和零序电阻（Positive- and zero-sequence resistances）：输电线路单位长度的正序和零序电阻 $R_1(\Omega/\mathrm{km})$、$R_0(\Omega/\mathrm{km})$。

正序和零序电感（Positive- and zero-sequence inductances）：输电线路单位长度的正序和零序电感 $L_1(\mathrm{H/km})$、$L_0(\mathrm{H/km})$。

正序和零序电容（Positive- and zero-sequence capacitances）：输电线路单位长度的正序和零序电容 $C_1(\mathrm{F/km})$、$C_0(\mathrm{F/km})$。

长度（Line section length）：用于设置输电线路长度（km）。

3. 分布参数等效电路模块

对于长度不超过 300 km 的线路可用一个 PI 型等效电路来代替；对于更长的线路，可串联多个 PI 型等效电路来模拟，每个 PI 型等效电路可代替长度 200 ~ 300 km 的线路。PI 型等效电路限制了电压、电流频率的变化范围，所以 PI 型等效电路只适用于研究基频下的电力系统，以及电力系统与控制系统之间的关系，但是对于研究开关开合的瞬变过程等含高频暂态分量的问题时,就需要考虑分布参数特性,这时应该使用分布参数等效电路模块（Distributed Parameters Line）。如图 2 - 25 所示,双击分布参数等效电路模块,则打开其参数对话框,该对话框包含如下参数。

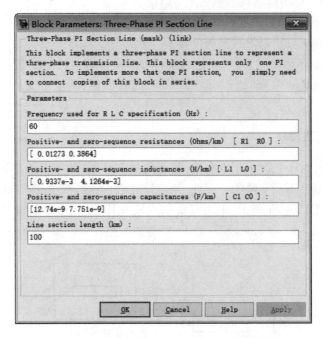

图 2 - 24　三相 **PI** 型等效电路模块参数对话框

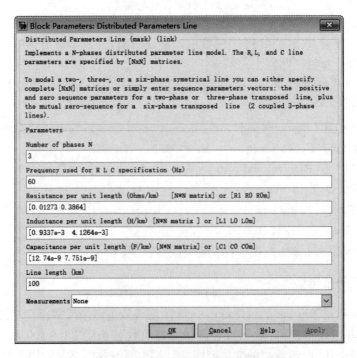

图 2 - 25　分布参数等效电路模块参数对话框

相数(Number of phases N):改变分布参数等效电路模块的相数,可以动态地改变该模块的图标。如图 2-26 所示为单相和多相分布参数等效电路模块。

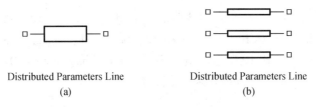

Distributed Parameters Line
(a)

Distributed Parameters Line
(b)

图 2-26　单相和多相分布参数等效电路模块

用于 RLC 规范的频率(Frequency used for RLC specifications):用于设置模块的基本频率(Hz)。

单位长度电阻(Resistance per unit length):用矩阵表示的单位长度电阻。对于两相或三相连续换位线路,可以输入正序和零序电阻$[R_1 \quad R_0]$;对于对称的六相线路,可以输入正序、零序和耦合电阻$[R_1 \quad R_0 \quad R_{0m}]$;对于 N 相非对称线路,必须输入表示各线路和线路间相互关系的 $N \times N$ 阶电阻矩阵。

单位长度电感(Inductance per unit length):用矩阵表示的单位长度电感。对于两相或三相连续换位线路,可以输入正序和零序电感$[L_1 \quad L_0]$;对于对称的六相线路,可以输入正序、零序和互感$[L_1 \quad L_0 \quad L_{0m}]$;对于 N 相非对称线路,必须输入表示各线路和线路间相互关系的 $N \times N$ 阶电感矩阵。

单位长度电容(Capacitance per unit length):用矩阵表示的单位长度电容。对于两相或三相连续换位线路,可以输入正序和零序电容$[C_1 \quad C_0]$;对于对称的六相线路,可以输入正序、零序和耦合电容$[C_1 \quad C_0 \quad C_{0m}]$;对于 N 相非对称线路,必须输入表示各线路和线路间相互关系的 $N \times N$ 阶电容矩阵。

线路长度(Line length):用于输入线路长度。

实际上,由于导线和大地之间的肌肤效应,R 和 L 有极强的依频特性,分布参数等效电路模块也不能准确描述线路参数的依频特性,但是和 PI 型等效电路模块相比,分布参数等效电路模块能够较好地描述电的输送过程。

2.6　负　荷　模　块

1. 静态负荷模块

电力系统的负荷相当复杂,不但数量大、分布广、种类多,而且其工作状态又具有随机性和时变性,连接各用电设备的配网结构也可能发生变化。因此,如何建立既准确又实用的负荷模型,至今仍是一个值得研究的问题。负荷模型通常分为静态模型和动态模型,其中静态模型表示稳态下负荷功率与电压和频率的关系;动态模型表示电压和频率急剧变化时,负荷功率随时间的变化。

常用的负荷等效电路有含源阻抗支路、恒定阻抗支路和异步电动机等效电路。负荷模型的选择对分析电力系统动态过程和稳定性都有很大的影响。在潮流计算中,常用恒定功率表示负荷,必要时也可采用线性化的静态模型;在短路计算中,可用含源或恒定阻抗支路表示负荷。稳定性分析中,综合负荷可表示为恒定阻抗支路或恒定阻抗和异步电动机组合。

如图 2 - 27 所示,电力系统仿真模块库利用电阻、电感和电容的串并联组合,提供了 4 种静态负荷模型模块,即单相 RLC 串联负荷模块(Series RLC Load)、单相 RLC 并联负荷模块(Parallel RLC Load)、三相 RLC 串联负荷模块(Three-Phase Series RLC Load)、三相 RLC 并联负荷模块(Three-phase Parallel RLC Load)。

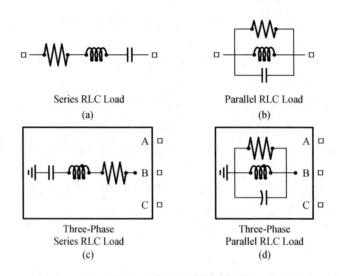

图 2 - 27　静态负荷模型模块

三相 RLC 串联负荷模块的参数对话框如图 2 - 28 所示,该对话框有如下参数。

连接方式(Configuration):三相 RLC 串联负荷模块的连接方式包括中性点接地的星形连接、中性点不接地的星形连接、中性点通过其他设备连接和三角形连接。

额定线电压(Nominal phase-to-phase voltage Vn):设置负荷的额定线电压 V_n(V)。

额定频率(Nominal frequency fn):设置负荷的额定频率 f_n(Hz)。

有功功率(Active power P):设置负荷的有功功率 P(W)。

感性无功功率(Inductive reactive power QL):三相负荷的感性无功功率 Q_L(var)。

容性无功功率(Capacitive reactive power Qc):三相负荷的容性无功功率 Q_C(var)。

2. 动态负荷模块

如图 2 - 29 所示,在电力系统仿真模块库中提供了三相动态负荷模块(Three-Phase Dynamic Load)。该模块是对三相动态负荷的建模,其中有功和无功功率可以表示为正序电压的函数或直接受外部信号的控制。由于不考虑负序和零序电流,即使三相负荷电压不平衡,三相负荷电流仍然平衡。

三相动态负荷模块有 3 个电气连接端子、1 个输出端子。3 个电气连接端子(A、B、C)分别与外部三相电路相连。输出端子(m)输出 3 个内部信号,分别是正序电压 V、有功功率 P 和无功功率 Q。如图 2 - 30 所示,双击三相动态负荷模块,则弹出该模块参数对话框,此对话框包含如下参数。

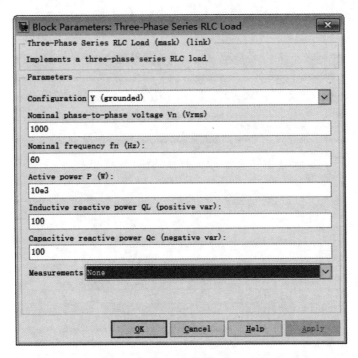

图 2 − 28　三相 RLC 串联负荷模块参数对话框

额定线电压和额定频率（Nominal L-L voltage and frequency）：用于设置负荷的额定线电压有效值 V_n（V）和额定频率 f_n（Hz）。

初始电压下的功率（Active-reactive power at initial voltage）：用于设置初始电压为 V_0 时，有功功率 P_0（W）和无功功率 Q_0（var）的数值。如果利用 Powergui 负荷潮流对动态负荷进行初始化设置，并在稳态情况下进行仿真，这些参数将根据负荷有功和无功功率的设定值自动更新。

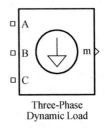

Three-Phase
Dynamic Load

图 2 − 29　三相动态负荷模块

初始化正序电压（Initial positive-sequence voltage Vo）：设置负荷初始正序电压 V_0 的幅值和相角。如果利用 Powergui 负荷潮流对动态负荷进行初始化设置，并在稳态情况下进行仿真，V_0 的幅值和相角将根据潮流的计算值自动更新。

PQ 外部控制（External control of PQ）：当选中该项时，负荷的有功功率和无功功率可通过外部矢量进行控制。

参数 n_p、n_q（Parameters[np nq]）：设置控制负荷特性的参数 n_p、n_q。对于电流恒定的负荷，设置 $n_p = 1$、$n_q = 1$；对于阻抗恒定的负荷，设置 $n_p = 2$，$n_q = 2$。

时间常数 T_{p1}、T_{p2}、T_{q1}、T_{q2}（Time constants [Tp1　Tp2　Tq1　Tq2]）：设置控制负荷功率的时间常数 T_{p1}、T_{p2}、T_{q1}、T_{q2}。

最小电压（Minimum voltage Vmin）：设置负荷初始状态的最小电压 V_{min}。当负荷电压低于此值时，负荷的阻抗为常数。如果负荷电压大于设置值 V_{min}，有功功率和无功功率按以下公式计算：

$$P(s) = P_0 \left(\frac{V}{V_0} \right)^{n_p} \frac{(1 + T_{p1}s)}{(1 + T_{p2}s)}, Q(s) = Q_0 \left(\frac{V}{V_0} \right)^{n_q} \frac{(1 + T_{q1}s)}{(1 + T_{q2}s)}$$

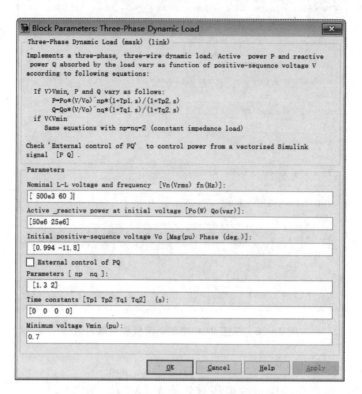

图 2−30　三相动态负荷模块参数对话框

3. 异步电机模块

如图 2−31 所示,在电力系统仿真模块库中,提供了标幺制异步电机模块(Asynchronous Machine pu Units)和国际单位制异步电机模块(Asynchronous Machine SI Units)。

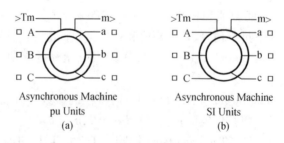

图 2−31　异步电机模块

异步电机模块有 1 个输入端子、6 个电气连接端子和 1 个输出端子。输入端子 Tm 为转子轴上的机械转矩 T_m,机械转矩为正时,表示异步电机运行在电动机状态;机械转矩为负时,表示异步电机运行在发电机状态。电气连接端子 A、B、C 为定子输入电压,可直接连接三相电压源；电气连接端子 a、b、c 为转子输出电压，一般短接或者连接至其他电路。输出端子 m 输出 21 路电机测量信号，这些信号的定义见表 2-3。在电力系统仿真模块库中，可利用电机子库的电机测量信号分离模块（Machines Measurement Demux）对 21 路信号进行分离。

表 2-3　异步电机模块输出信号

输出	符号	端口	定义	单位
1~3	i_{ra}, i_{rb}, i_{rc}	ir_abc	转子三相电流	A 或 p.u.
4,5	i_q, i_d	ir_qd	q 轴和 d 轴转子电流	A 或 p.u.
6,7	Φ_{rq}, Φ_{rd}	phir_qd	q 轴和 d 轴转子磁通量	V·s 或 p.u.
8,9	V_{rd}, V_{rq}	vr_qd	q 轴和 d 轴转子电压	V 或 p.u.
10~12	i_{sa}, i_{sb}, i_{sc}	is_abc	定子三相电流	A 或 p.u.
13,14	i_{sq}, i_{sd}	is_qd	q 轴和 d 轴定子电流	A 或 p.u.
15,16	$\varphi_{sq}, \varphi_{sd}$	phis_qd	q 轴和 d 轴定子磁通	V·s 或 p.u.
17,18	V_d, V_q	vs_qd	定子 q 轴和 d 轴电压	V 或 p.u.
19	ω_m	wm	转子角速度	rad/s
20	T_e	Te	电磁转矩	N·m 或 p.u.
21	θ_m	Thetam	转子角位移	rad

　　如图 2-32 所示，双击标幺制异步电机模块，则进入该模块的参数对话框，此对话框有如下参数。

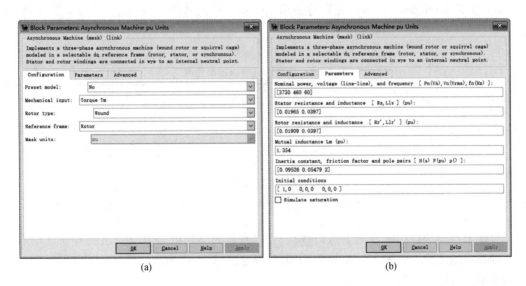

(a)　　　　　　　　　　　　　(b)

图 2-32　标幺制异步电机模块参数对话框

　　预设模型（Preset model）：自动设定异步电机内部各项参数，若不使用模块预设的电机参数，则选择 No。

机械输入(Mechanical input):设置电机的机械驱动类型,可选择施加于电动机轴上的机械转矩 T_m,也可以选择电动机转子转速 ω。

转子类型(Rotor type):设置转子结构类型,可选择绕线式或鼠笼式。

参考轴(Reference frame):设置电动机模块的参考轴,可将输入电压从 abc 系统变换到指定参考轴,将输出电流从指定参考轴变换到 abc 系统。可选择以下 3 种方式进行变换:转子坐标轴(Rotor)、固定参考轴(Stationary)和同步坐标轴(Synchronous)。

额定参数(Nominal power,voltage(line-line),and frequency):设置电动机的额定功率 P_N(V·A)、额定线电压有效值 U_N(V)和额定频率 f_N(Hz)。

定子参数(Stator resistance and inductance):设置电动机定子电阻和漏抗。

转子参数(Rotor resistance and inductance):设置电动机转子电阻和漏抗。

互感(Mutual inductance Lm):设置电动机互感。

机械参数(Inertia constant,friction factor and pole pairs):设置电动机的转动惯量、阻尼系数和极对数。

初始条件(Initial conditions):设置电动机的初始转差率 s、转子初始角 θ(°)、定子电流幅值(p.u.)和相角(°)。

如图 2-33 所示,电力系统仿真模块库中直流电机模块(DC Machine)有 1 个输入端子、1 个输出端子和 4 个电气连接端子。

其中电气连接端子 F_+ 和 F_- 与电机励磁绕组相连;A_+ 和 A_- 与电机电枢绕组相连;输入端子 TL 是电机的负载转矩 T_L;输出端子 m 输出 4 路电机内部信号,见表 2-4。在电力系统仿真模块库中,利用电机子库的电机测量信号分离模块(Machines Measurement Demux)可以分离出输出端子中的各路信号。

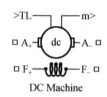

图 2-33 直流电机模块

表 2-4　直流电机模块输出信号

输出	符号	定义	单位
1	ω_m	电机转速	rad/s
2	i_a	电枢电流	A
3	i_f	励磁电流	A
4	T_e	电磁转矩	N·m

直流电机模块以他励直流电机为基础,可以通过励磁绕组与电枢绕组的并联或串联组成并励或串励电机。如图 2-34 所示,双击直流电机模块,将弹出该模块的参数对话框。该对话框中含有如下参数。

预设模型(Preset model):自动设定直流电机内部各项参数,若不使用模块预设的电机参数,则选择 No。

显示详细参数(Parameters):点击该复选框,可以浏览并修改电机参数。

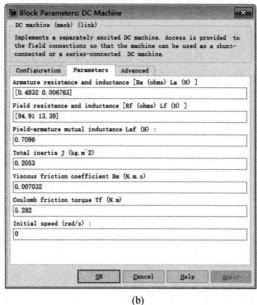

(a)   (b)

图2-34　直流电机模块参数对话框

电枢电阻和电感(Armature resistance and inductance):用于设置电枢电阻$R_a(\Omega)$和电枢电感$L_a(H)$。

励磁电阻和电感(Field resistance and inductance):用于设置励磁电阻$R_f(\Omega)$和励磁电感$L_f(H)$。

励磁和电枢互感(Field-armature mutual inductance Laf):用于设置互感$L_{af}(H)$。

转动惯量(Total inertia J):用于设置转动惯量$J(kg \cdot m^2)$。

黏性摩擦系数(Viscous friction coefficient Bm):用于设置直流电机的总摩擦系数$B_m(N \cdot m \cdot s)$。

库伦摩擦转矩(Coulomb friction torque Tf):用于设置直流电机的库伦摩擦转矩$T_f(N \cdot m)$。

初始角速度(Initial speed):用于设置仿真开始时直流电机的初始速度(rad/s)。

2.7　断路器与故障模块

1.单相断路器模块

电力系统暂态是电力系统某一稳定状态被破坏后,回到原来稳定运行状态或过渡到另一稳定运行状态的过程。一般电力系统的暂态仿真是通过模拟机械开关设备或电力电子设备的通断过程来实现的。其中典型的机械开关设备就是断路器,断路器闭合时等效于阻值为R_{on}的电阻。R_{on}相对于整个电力系统而言,阻值很小,可以忽略不计;断路器断开时等效于无穷大电阻,当熄弧电流过零时,断路器完全断开。用户可以使用电力系统模块库中的断路器模块模拟开关投切的过程,实现电力系统电磁暂态的仿真。

　　如图 2-35 所示,从左至右依次为单相断路器模块的三种类型,即外部控制方式、内部控制带缓冲电路和内部控制不带缓冲电路。外部控制方式时,断路器模块上存在输入端口,输入的控制信号必须为 0 或 1,其中"0"表示断开,"1"表示闭合;内部控制方式时,切断时间由模块自身参数决定。如果断路器默认状态为闭合,软件将自动将线性电路中的所有状态变量和断路器模块电流进行初始化设置,这样仿真开始时电路处于稳定状态。断路器模块带有 RC 缓冲电路。如果断路器模块与电流源、纯电感或空载电路串联,则必须使用缓冲电路。

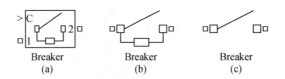

图 2-35　单相断路器模块

　　如图 2-36 所示,双击断路器模块,则弹出该模块参数对话框。该对话框中含有如下参数。

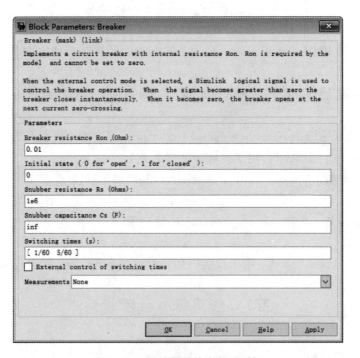

图 2-36　断路器模块参数对话框

　　断路器电阻(Breaker resistance Ron):用于设置断路器闭合时的等效电阻 $R_{on}(\Omega)$,断路器电阻不能为零。

　　初始状态(Initial state):输入 1 表示断路器默认为合闸状态,输入 0 表示断路器默认为断开状态。

　　缓冲电阻(Snubber resistance Rs):用于设置 RC 缓冲电路中的电阻 $R_s(\Omega)$,缓冲电阻设

为 inf 时,表示取消缓冲电阻。

缓冲电容(Snubber capacitance Cs):用于设置 RC 缓冲电路中的电容 C_s(F)。

缓冲电容设为 0 时,表示取消缓冲电容;缓冲电容设为 inf 时,缓冲电路为纯电阻电路。

开关动作时间(Switching times):采用内部控制方式时,输入时间向量控制开关动作时间。从开关初始状态开始,断路器在每个时间点动作一次。选用外部控制方式,该项不可见。

外部控制开关动作时间(External control of switching times):选中该项,断路器模块上将出现一个外部控制信号输入端,开关动作时间由外部逻辑信号控制。

测量参数(Measurements):可以测量断路器电压(Branch voltages)、断路器电流(Branch currents)或断路器电压和电流(Branch voltages and currents)。测量选中的变量时,需要使用万用表模块。

2. 三相断路器模块

如图 2 - 37 所示,从左至右依次为三相断路器模块的三种类型,即外部控制方式、内部控制带缓冲电路和内部控制不带缓冲电路。

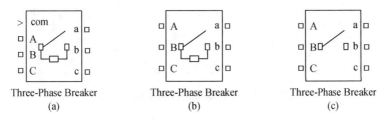

图 2 - 37　三相断路器模块

如图 2 - 38 所示,双击三相断路器模块,则弹出该模块参数对话框。该对话框中含有如下参数。

断路器初始状态(Initial status of breakers):设置三相断路器 A、B 或 C 相的初始状态为断开或闭合。

A 相开关(Switching of phase A):选中该项,表示允许 A 相断路器动作,否则 A 相断路器将保持初始状态不变。

B 相开关(Switching of phase B):选中该项,表示允许 B 相断路器动作,否则 B 相断路器将保持初始状态不变。

C 相开关(Switching of phase C):选中该项,表示允许 C 相断路器动作,否则 C 相断路器将保持初始状态不变。

切换时间(Transition times):采用内部控制方式时,输入时间向量控制开关动作时间。如果选中外部控制方式,该项不可见。

外部控制开关动作时间(External control of switching times):选中该项,三相断路器模块上将出现一个外部控制信号输入端,开关动作时间由外部逻辑信号控制。

断路器电阻(Breaker resistance Ron):用于设置三相断路器闭合时的等效电阻 R_{on}(Ω),断路器电阻不能为零。

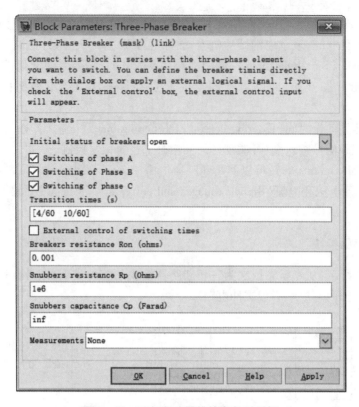

图 2 - 38　三相断路器模块参数对话框

缓冲电阻(Snubber resistance RD)：用于设置 RC 缓冲电路中的电阻 $R_D(\Omega)$，缓冲电阻设为 inf 时，表示取消缓冲电阻。

缓冲电容(Snubber capacitance CD)：用于设置 RC 缓冲电路中的电容 $C_D(F)$，缓冲电容设为 0 时，表示取消缓冲电容；缓冲电容设为 inf 时，缓冲电路为纯电阻电路。

测量参数(Measurements)：可以测量断路器电压(Branch voltages)、断路器电流(Branch currents)或断路器电压和电流(Branch voltages and currents)。测量选中的变量时，需要使用万用表模块，测量变量用"符号＋模块标签＋相序"表示，如三相断路器模块 B1 的 A 相电流测量变量可以表示为"Ib：B1/Breaker A"。

3. 三相故障模块

三相故障模块由 3 个独立的断路器组成，能对相 - 相故障和相 - 地故障进行模拟。如图 2 - 39 所示，三相故障模块可分为外部控制方式(图 2 - 39(a))和内部控制方式(图 2 - 39(b))两种类型。

如图 2 - 40 所示，双击三相故障模块，则弹出该模块参数对话框。该对话框中含有如下参数。

A 相故障(Phase A Fault)：选中该项，表示允许 A 相故障动作，否则 A 相故障保持初始状态。

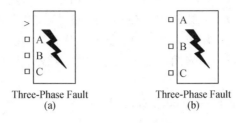

图 2 - 39 三相故障模块

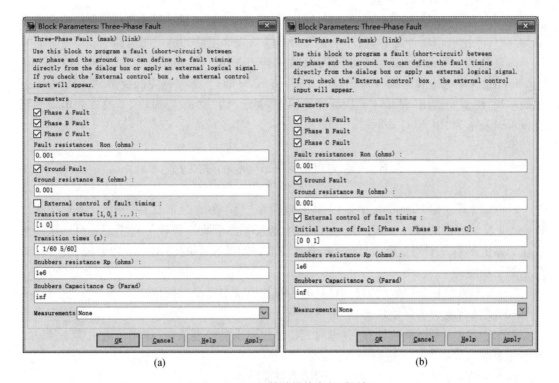

图 2 - 40 三相故障模块参数对话框

B 相故障(Phase B Fault):选中该项,表示允许 B 相故障动作,否则 B 相故障保持初始状态。

C 相故障(Phase C Fault):选中该项,表示允许 C 相故障动作,否则 C 相故障保持初始状态。

故障电阻(Fault resistances Ron):故障时投入的等效电阻 $R_{on}(\Omega)$,断路器电阻不能为零。

接地故障(Ground Fault):选中该项,表示允许接地故障;未选中该项时,软件自动设置大地电阻为 $10^6 \ \Omega$。

大地电阻(Ground resistance Rg):设置接地故障时大地电阻值 $R_g(\Omega)$,大地电阻不能为零。选中接地故障后,该文本框可见。

外部控制故障动作时间(External control of fault timing):选中该项,三相故障模块上将增加一个外部控制信号输入端,切换时间由外部逻辑信号控制,否则采用内部控制方式。

切换状态(Transition status):采用内部控制方式时,该文本框可见,三相故障模块按照该文本框的设置进行切换。三相故障模块的默认初始状态与切换状态的第一个变量相反。

切换时间(Transition times):采用内部控制方式时,该文本框可见,用于设置故障的动作时间。

故障初始状态(Initial status of fault):采用外部控制方式时,该文本框可见,用于三相故障模块的初始状态。

缓冲电阻(Snubber resistance RD):用于设置 RC 缓冲电路中的电阻 $R_D(\Omega)$,缓冲电阻设为 inf 时,表示取消缓冲电阻。

缓冲电容(Snubber capacitance CD):用于设置 RC 缓冲电路中的电容 $C_D(F)$,缓冲电容设为 0 时,表示取消缓冲电容;缓冲电容设为 inf 时,缓冲电路为纯电阻电路。

测量参数(Measurements):可以测量故障电压(Branch voltages)、故障电流(Branch currents)或故障电压和电流(Branch voltages and currents)。测量选中的变量时,需要使用万用表模块,测量变量用"符号 + 模块标签 + 相序"表示,如三相故障模块 F1 的 A 相电流测量变量可以表示为"Ib:F1/Fault A"。

2.8　电力图形用户界面的功能

Powergui 模块是 Simulink 中专门用于电力系统仿真的图形化用户接口工具。利用 Powergui 模块自带的各种功能,用户可以轻松建立电力系统的各种仿真模型。由于该模块在电力系统的仿真中相当重要,因此本节将详细介绍此模块的使用方法和参数设置,具体包括如下功能。

(1)显示系统处于稳定状态时电流、电压和其他状态变量的数值。

(2)灵活改变仿真初始状态。

(3)进行电力系统潮流计算,并可对三相简化同步电机模块、三相同步电机模块和三相异步电机模块等电力设备进行初始化设置。

(4)当测量线路阻抗时,可以显示阻抗的依频特性。

(5)显示快速傅里叶变换(FFT)分析结果。

(6)当用户安装控制工具箱时,可以利用线性时不变系统浏览器(LTI Viewer)绘制与仿真模型相关的幅频响应曲线图。

(7)生成.rep 格式的系统报表,包含测量模块、电源、非线性模块和电路状态变量的稳态值。

2.9　Powergui 模块主窗口介绍

如图 2-41 所示为电力系统仿真模块库中的 Powergui 模块,双击 Powergui 模块,则将弹出该模块的主窗口,如图 2-42 所示。该主窗口包括仿真类型(Simulation type)和分析工具(Analysis tools)两部分,简介如下。

图 2-41　Powergui 模块

1. 仿真类型

相量法仿真（Phasor simulation）：单击该选项，在频率文本框（Frequency）中输入指定的频率，电力系统模块将执行相量仿真。

离散化电气模型（Discretize electrical model）：单击该选项，在采样时间文本框（Sample time）中输入指定采样时间（$T_s > 0$），电力系统模块将在离散模型下进行仿真。同时 Powergui 模块图标会显示采样时间，若采样时间等于 0，则表示不对电力系统模块进行离散化处理，而采用连续算法进行仿真分析。

连续算法仿真（Continuous）：单击该选项，则选择连续算法对电力系统模块进行仿真。

显示分析信息（Show messages during analysis）：选中该项后，MATLAB 命令窗口中将显示系统仿真过程中的相关信息。

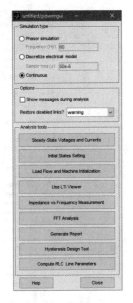

图 2 – 42　Powergui 模块主窗口

2. 分析工具

在 Powergui 模块的分析工具中包括稳态电压电流分析（Steady-State Voltages and Currents）、初始状态设置（Initial States Setting）、潮流计算和电机初始化（Load Flow and Machine Initilization）、LTI 视窗（Use LTI Viewer）、阻抗依频特性测量（Impedance vs Frequency Measurement）、FFT 分析（FFT Analysis）、报表生成（Generate Report）、磁滞特性设计工具（Hysteresis Design Tool）、计算 RLC 线路参数（Compute RLC Line Parameters）等。

2.10　稳态电压电流分析窗口

Powergui 模块的稳态电压电流分析窗口如图 2 – 43 所示，该窗口含有以下内容。

稳态值（Steady state values）：显示电力系统仿真模块设定的稳态电压、稳态电流。

单位（Units）：选择显示的电压、电流是峰值（Peak values）还是有效值（RMS values）。

频率（Frequency）：选择电压、电流向量将显示的频率。

状态（States）：选择该选项，将显示状态向量。

测量（Measurements）：选择该选项，将显示测量模块测量的电压、电流向量。

电源（Sources）：选择该选项，将显示电源的电压、电流向量。

非线性元件（Nonlinear elements）：选择该选项，将显示非线性元件的电压、电流向量。

格式（Format）：选择要观测的电压和电流格式。浮点格式（Floating point）是以科学计数法显示 5 位有效数字；最优格式（Best of）是显示 4 位有效数字，并且在数值大于 9 999 时以科学计数法表示；最后一个格式是直接显示数值的大小，小数点后保留两位有效数字。

更新稳态值（Update Steady State Values）：重新计算并显示稳态电压和稳态电流。

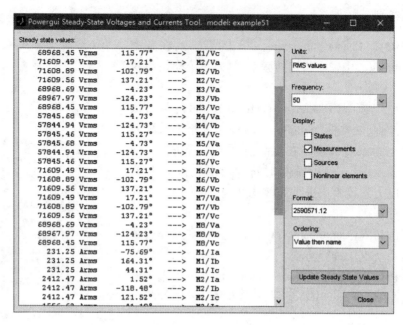

图 2-43 稳态电压电流分析窗口

2.11 初始状态设置窗口

仿真开始时,常希望系统就处于稳态,或系统处于某种状态,这时可以使用初始状态设置窗口。打开初始状态设置窗口,如图 2-44 所示。该窗口含有以下内容。

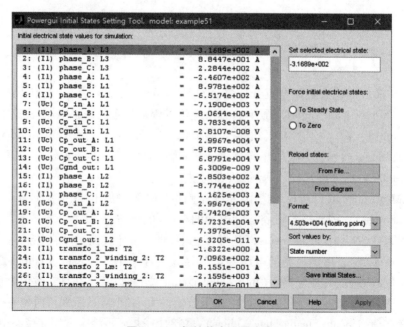

图 2-44 初始状态设置窗口

初始电气状态列表(Initial electrical state values for simulation):显示电力系统仿真模块设定的状态变量初始值。

设置到指定电气状态(Set selected electrical state):对初始电气状态列表中选中的状态变量进行初始值设置。

设置初始电气状态(Force initial electrical states):选择开始仿真的状态,有稳态(To Steady State)、零初始状态(To Zero)等设置选项。

加载状态(Reload states):从指定文件(From File...)中加载初始状态,或以当前值(From diagram)作为初始状态开始仿真。

格式(Format):选择要观测的电压和电流的格式。

分类(Sort values by):选择初始状态的显示顺序。默认顺序(Default order)是按照模块在电路中的顺序显示初始值;状态序号(State number)是按照状态空间模型中状态变量的序号来显示初始值;类型(Type)是按照电容和电感来分类显示初始值。

2.12　潮流计算和电机初始化窗口

潮流计算和电机初始化窗口如图2-45所示。该窗口含有以下内容。

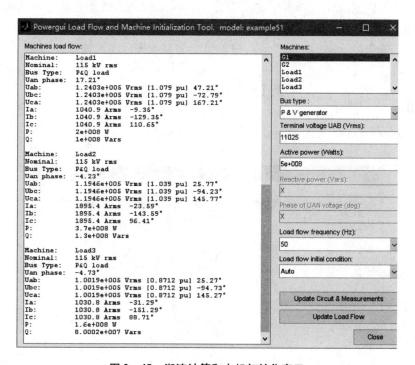

图2-45　潮流计算和电机初始化窗口

电机潮流分布(Machine load flow):显示电机列表中选中电机的潮流分布。

电机(Machines):显示模型中所有的简化同步电机、同步电机、非同步电机和三相动态负荷模块。选中该列表中的电机或负荷后,才能进行参数设置。

节点类型(Bus type):选择节点类型。对于PV节点可以设置电机的端口电压和有功功率;对于PQ节点可以设置节点的有功功率和无功功率;对于平衡节点可以设置端电压的有效值和相角,同时需要估计有功功率值。如果选择了非同步电机模块,则仅需要输入电机的机械功率;如果选择了三相动态负荷模块,则需要设置该负荷的有功功率和无功功率。

终端电压(Terminal voltage UAB):对选中电机的输出线电压 U_{AB} 进行设置。

有功功率(Active power):设置选中电机或负荷的有功功率。

预估有功功率(Active power guess):如果电机的节点类型为平衡节点则显示该项,用来设置迭代开始时电机的有功功率。

无功功率(Reactive power):用于设置选中电机或负荷的无功功率。

电压 U_{AN} 的相角(Phase of UAN voltage):当电机的节点类型设置为平衡节点时,该文本框被激活,指定选中电机 A 相电压的相角。

负荷潮流频率(Load flow frequency):用于设置负荷潮流计算的系统频率,我国工频电压的频率默认 50 Hz。

负荷潮流初始状态(Load flow initial condition):常常选择默认设置自动(Auto),使得迭代前系统自动调节负荷潮流初始状态。如果选择从前一结果开始(Start from previous solution),则负荷潮流的初始值为上次仿真结果。如果改变电路参数、电机的功率与电压后,负荷潮流不收敛,可以选择这个选项。

更新电路和测量结果(Update Circuit & Measurements):用于更新电机列表、电压相量、电流相量以及电机潮流分布列表中的功率分布。其中的电机电流是最近一次潮流计算的结果,该电流储存在电机模块的初始状态参数选项中。

更新潮流分布(Update Load Flow):根据给定的参数进行潮流计算。

2.13　LTI　视　窗

LTI 视窗如图 2 - 46 所示。该窗口含有以下关键信息。

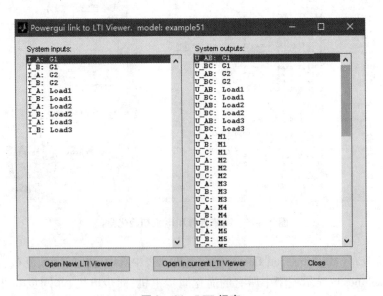

图 2 - 46　LTI 视窗

系统输入(System inputs):列出状态空间模型中的输入变量,选择需要使用 LTI 视窗的输入变量。

系统输出(System outputs):列出状态空间模型中的输出变量,选择需要使用 LTI 视窗的输出变量。

打开新的 LTI 视窗(Open New LTI Viewer):生成状态空间模型并打开选中变量的 LTI 视窗。

打开当前 LTI 视窗(Open in current LTI Viewer):生成状态空间模型,将选中变量添加到当前 LTI 视窗,并打开当前 LTI 视窗。

阻抗依频特性测量窗口如图 2-47 所示。该窗口含有以下关键信息。

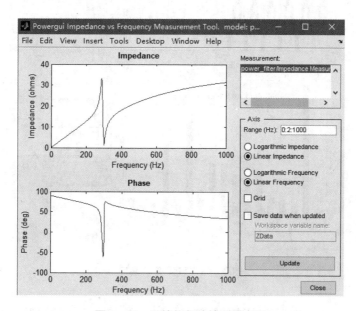

图 2-47   阻抗依频特性测量窗口

图表:窗口左上侧的坐标系表示阻抗-频率特性,左下侧的坐标系表示相角-频率特性。

测量(Measurement):列出模型文件中的阻抗测量模块,选择需要显示依频特性的阻抗模块。

范围(Range):指定频率范围。

对数阻抗(Logarithmic Impedance):以对数形式表示阻抗。

线性阻抗(Linear Impedance):以线性形式表示阻抗。

对数频率(Logarithmic Frequency):以对数形式表示频率。

线性频率(Linear Frequency):以线性形式表示频率。

网格(Grid):选中该复选框,阻抗-频率特性图和相角-频率特性图上将出现网格。

更新后保存数据(Save data when updated):选中该复选框后,该复选框下面的工作空间变量名(Workspace variable name)文本框被激活,数据以该文本框中的变量名的形式被保存至工作空间。复数阻抗和对应频率保存在一起,频率保存在第一列,阻抗保存在第二列。

更新(Update):更新所选择的数据。

2.14　FFT 分析窗口

FFT 分析窗口如图 2-48 所示。该窗口含有以下关键信息。

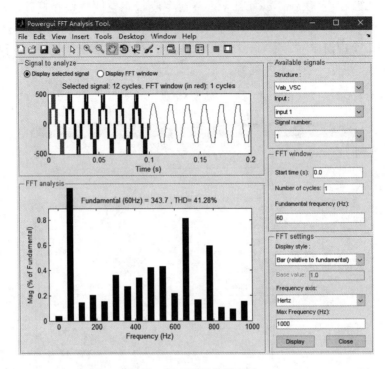

图 2-48　FFT 分析窗口

图表：窗口左上侧的图形表示被分析信号的波形，窗口左下侧的图形表示该信号的 FFT 分析结果。

结构变量(Structure)：列出工作空间中的时间结构变量。使用下拉菜单选择要分析的结构变量，这些结构变量可以在示波器模块中设置，或由至工作空间模块(To Workspace)产生。

输入变量(Input)：列出被选中的结构变量包含的输入变量，选择需要分析的输入变量。

信号路数(Signal number)：列出被选中的输入变量包含的各路信号。

开始时间(Start time)：设置 FFT 分析的起始时间。

周期个数(Number of cycles)：设置需要进行 FFT 分析的波形周期数。

显示选中信号/显示 FFT 窗(Display selected signal/ Display PPT window)：选择显示选中信号将在左上侧图形中显示所选信号的波形；选择显示 FFT 窗将在左上侧图形中显示指定某周期内的波形。

基频(Fundamental frequency)：设置 FFT 分析的基频。

显示类型(Display style)：频谱的显示类型由以基频或直流分量为基准的柱状图(Bar relative to Fundamental or DC)、以基频或直流分量为基准的列表(List relative to Fundamental or DC)、指定基准值下的柱状图(Bar relative to specified base)和指定基准值下的列表(List relative to specified base)等组成。

基准值(Base value)：当显示类型下拉框中选择指定基准值下的柱状图或指定基准值下的列表时，该文本框被激活，用于输入谐波分析的基准值。

频率轴(Frequency axis)：在下拉框中选择 Hertz 时，频率轴的单位为 Hz，选择谐波次数时，频率轴的单位为基频的整数倍。

最大频率(Max frequency)：设置 FFT 分析的最大频率。

2.15　报表生成窗口

报表生成窗口如图 2－49 所示，该窗口主要用于生成稳态、初始状态和电机负荷潮流的报表，该窗口部分属性参数的设置与前面的内容类似，在此不再赘述。

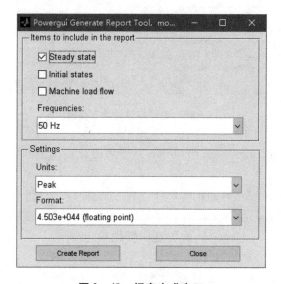

图 2－49　报表生成窗口

2.16　磁滞特性设计工具窗口

磁滞特性设计工具窗口如图 2－50 所示。该窗口含有以下关键信息。

磁滞曲线(Hysteresis curve of file)图表：显示设计的磁滞曲线。

段数(Segments)：将磁滞曲线做分段线性化处理，并设置磁滞回路第一象限和第四象限内曲线的分段数目。左侧曲线和右侧曲线关于原点对称。

剩余磁通(Remanent flux Fr)：设置零电流对应的剩余磁通。

饱和磁通(Saturation flux Fs)：设置曲线的饱和磁通。

饱和电流(Saturation current Is)：设置进入磁滞曲线饱和区的对应电流点。

矫顽电流(Coercive current Ic)：设置零磁通对应的电流。

矫顽电流处的斜率(dF/dI at coercive current)：设置矫顽电流点的斜率。

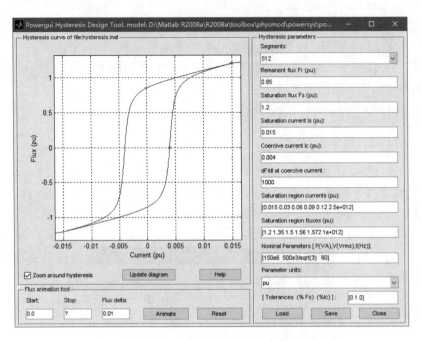

图 2 - 50 磁滞特性设计工具窗口

饱和区域电流(Saturation region currents):设置磁化曲线饱和区各点电流值,仅需要设置第一象限值。

饱和区域磁通(Saturation region fluxes):设置磁化曲线饱和区各点的磁通值,仅需要设置第一象限值。该向量的元素必须与饱和区域电流向量元素的数量相同。

额定参数(Nominal Parameters):设置变压器的额定功率(V·A)、一次绕组额定电压值(V)和额定频率(Hz)。

参数单位(Parameter units):将磁滞特性曲线中电流和磁通的单位由国际单位制转换到标幺制,或者由标幺制转换到国际单位制。

放大磁滞区域(Zoom around hysteresis):选中该项,可以对磁滞曲线进行放大显示。

2.17 计算 RLC 线路参数窗口

如图 2 - 51 所示为计算 RLC 线路参数窗口。该窗口可分为 3 个子窗口,左上窗口输入常用参数(单位、频率、大地电阻和文件注释),右上窗口输入线路的几何结构,下方窗口输入导线的特性。

1. 常用参数子窗口

单位(Units):在下拉菜单中,选择以 Metric 单位时,以 cm 作为导线直径、几何平均半径和分裂导线直径的单位,以 m 作为导线之间距离的单位;选择以 English 为单位时,以 in(英寸)作为导线直径、几何平均半径和分裂导线直径的单位,以 ft(英尺)作为导线之间距离的单位。

频率(Frequency):设置 RLC 参数的频率。

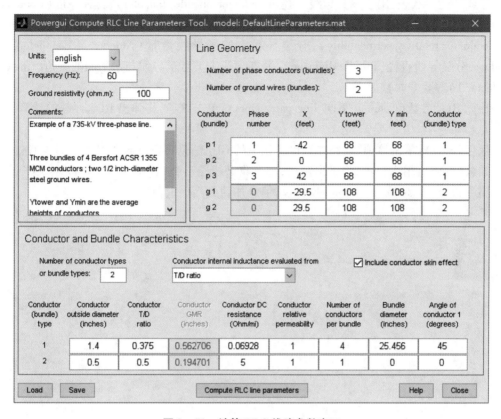

图 2-51 计算 RLC 线路参数窗口

大地电阻（Ground resistivity）：设置大地电阻。输入为 0 表示大地为理想导体。

注释（Comments）：输入关于电压等级、导线类型和特性等信息的注释，该注释将与线路参数一起保存。

2. 线路几何结构子窗口

导线相数（Number of phase conductors）：设置线路的相数。

地线数目（Number of ground wires）：设置地线的数目。

导线结构参数表：用于设置导线相序（Phase number）、水平档距（X）、垂直档距（Y tower）、档距中央离地高度（Y min）和导线的类型（Conductor type）等 5 个参数。

3. 导线特性子窗口

导线类型的数量（Number of conductor types or bundle types）：设置需要用到导线类型的个数。

导线内电感计算方法（Conductor internal inductance evaluated from）：选择用直径厚度（T/D ratio）、几何平均半径（GMR）或 1 英寸间距的电抗（Reactance at 1-inch spacing）进行内电感计算。

考虑导线集肤效应（Include conductor skin effect）：选中该项，在计算导线交流电阻和电感时，将考虑集肤效应。若未选中，电阻和电感均为常数。

　　导线特性参数表:用于设置导线外径(Conductor outside diameter)、直径厚度(Conductor T/D ratio)、几何平均半径(Conductor GMR)、直流电阻(Conductor DC resistance)、相对磁导率(Conductor relative permeability)、分裂导线中的子导线数量(Number of conductors per bundle)、分裂导线直径(Bundle diameter)、分裂导线中 1 号子导线与水平面的夹角(Angle of conductor 1)等 8 个参数。

　　计算 RLC 参数(Compute RLC line parameters):单击该项,将弹出 RLC 参数的计算结果窗口。

　　保存(Save):单击该项,线路参数以及相关的 GUI 信息将以. mat 格式的文件保存。

　　加载(Load):单击该项,将弹出窗口,选择典型线路参数(Typical line data)或用户定义的线路参数(User defined line data)将线路信息加载到当前窗口。

第 3 章　电力仿真实训

实训 1　Simulink 的特点及其操作界面

一、实训目的

1. 熟悉 Simulink 软件的基本特点。
2. 掌握 MATLAB/Simulink 软件操作界面各部分的具体功能。

二、实训内容

1. MATLAB 的启动和退出。
2. 学习 MATLAB 操作界面的使用方法，试用 MATLAB 编写勾股定理指令，其中 $a = 3$，$b = 4$，$c = \sqrt{a^2 + b^2}$，计算 c 值。
3. 打开一个 Simulink 模型文件，学习 Simulink 操作界面的使用方法。

三、实训原理及过程

1. 启动 MATLAB

双击桌面的 MATLAB 快捷方式，或在 MATLAB 软件目录下，进入 bin 文件夹，双击 MATLAB 程序，即可启动 MATLAB 操作界面。

2. 使用 MATLAB 操作界面

如图 1 - 11 所示为 MATLAB 的操作界面，主要由菜单、工具栏、命令窗口、工作空间窗口、历史命令窗口和当前路径窗口组成。熟悉 MATLAB 操作界面的各组成部分，在命令窗口中输入相关指令，并按 < Enter > 键确认，结果显示 $c = 5$，如图 3 - 1 所示，其中 sqrt 和^2 为 MATLAB 的开方函数和平方表达式。

当漏输入命令"c = sqrt(a^2 + b^2)"的字符"t"时，如图 3 - 2 所示，将提示信息"??? Undefined function or method 'sqr' for input arguments of type 'double'."，提醒用户修改指令。

3. 打开 Simulink 模型文件

在 MATLAB 操作界面的菜单栏中点击[File > New > Model]，新建一个模型；或在命令窗口输入"demos"命令，弹出在线演示系统界面，在界面中点击[Simulink > SimPowerSystems > Machine Models > Starting a DC Motor]选项，即可打开直流电机 Simulink 演示模型，如图 3 - 3 所示。

点击图 3 - 3 中详情页的 Open this model 选项，打开 Simulink 仿真的 power_dcmotor. mdl 模型文件，如图 3 - 4 所示，学习 Simulink 仿真操作界面的各部分功能。

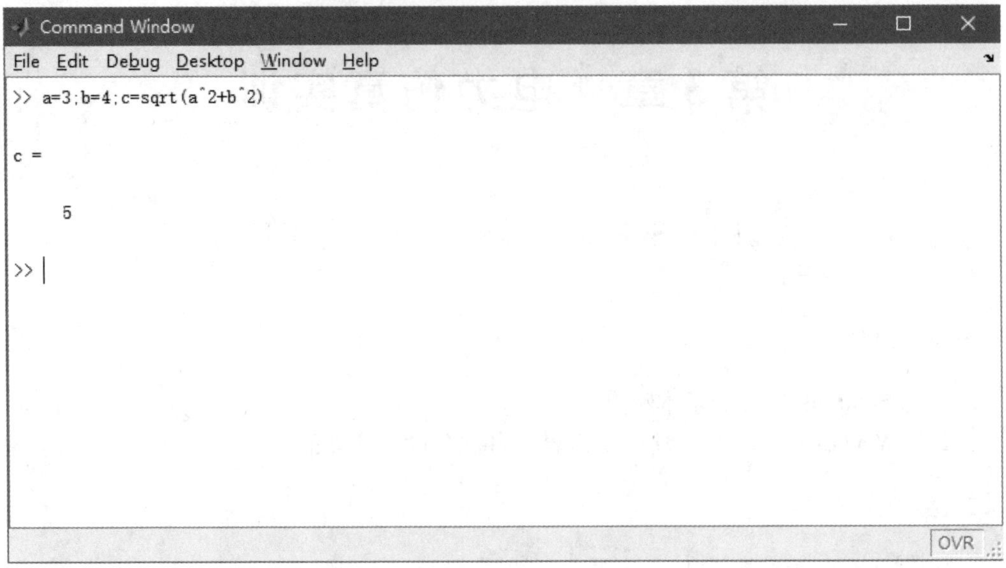

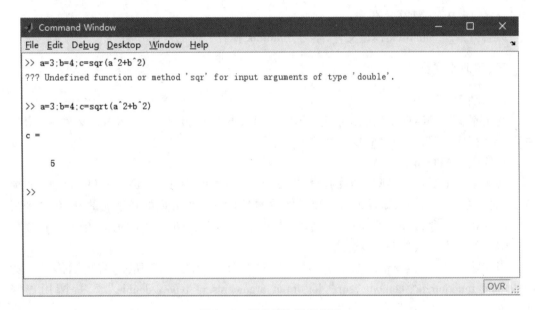

图 3 - 1　运行结果

图 3 - 2　指令输入错误提示

4. 退出 MATLAB

在 MATLAB 操作界面的 File 菜单下选择 Exit MATLAB, 或点击 MATLAB 操作界面右上角的图标。

四、实训报告

1. 写出 MATLAB/Simulink 的基本特点。

2. 写出 MATLAB 操作界面的组成部分, 并保存勾股定理运行结果。

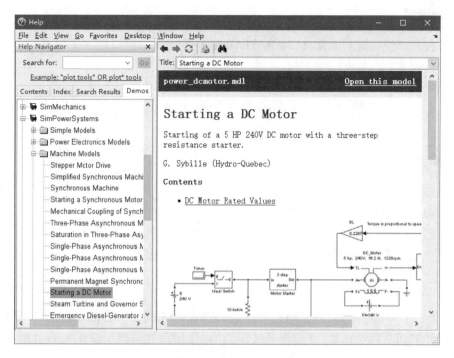

图 3－3　直流电机 Simulink 演示模型

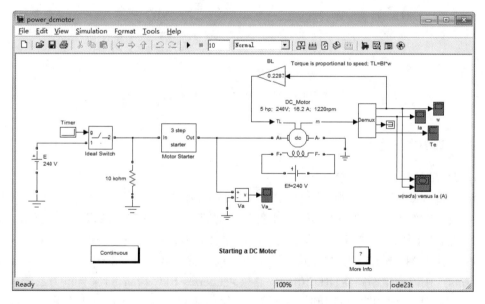

图 3－4　**power_dcmotor. mdl** 模型文件

3.写出 Simulink 操作界面的组成部分,打开一个 Simulink 模型文件,截图保存其操作过程。

五、思考题

如何打开环境设置对话框,试对 MATLAB 操作界面各个窗口的字体种类、大小和颜色等参数进行设置。

实训 2　Simulink 的模块库及其仿真基础

一、实训目的

1. 了解 Simulink 模块库的基本组成。
2. 掌握 Simulink 基本仿真操作方法。
3. 熟悉 Simulink 仿真建模步骤。
4. 树立正确的科研价值观,培养自身踏实求学的科研态度。

二、实训内容

【例 2 – 1】　某直流 RC 电路结构及参数如图 3 – 5 所示,请结合该电路,学习 Simulink 的基本操作和仿真参数设置,在仿真开关闭合后,使用示波器模块观察电容电压和线路电流的变化情况。

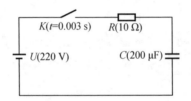

图 3 – 5　直流 RC 电路结构及参数

三、实训原理及过程

1. 模块的选择与基本操作

新建 Simulink 模型,找到所需模块并拖曳到新建模型窗口中,进行适当地排列并用信号线将其正确连接,并根据系统的实际物理意义,修改各模块标签名称,如图 3 – 6 所示。

其中直流电压源模块(DC Voltage Source)来自电力系统模块库的电源子库(Electrical Sources),用以模拟直流电压源;断路器模块(Breaker)来自电力系统模块库的电力设备子库(Elements),用以模拟断路器;RLC 串联支路模块(Series RLC Branch)来自电力系统模块库的电力设备子库,用以模拟电阻和电容元件;接地模块(Ground)来自电力系统模块库的电力设备子库,用以模拟接地;电压测量模块(Voltage Measurement)来自电力系统模块库的测量子库(Measurement),必须并联在目标对象的回路中,用以模拟电压表;电流测量模块(Current Measurement)来自电力系统模块库的测量子库,必须串联在目标对象的回路中,用以模拟电流表;示波器模块(Scope)来自 Sinks 子库,显示仿真模型的输出波形。

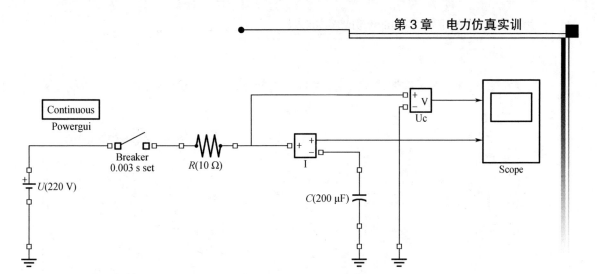

图 3 - 6　RC 电路仿真原理

　　再对各模块设置合适的参数值。直流电压源电压设置模块为 220 V;按图 3 - 7 设置断路器模块参数;电阻阻值设置为 10 Ω,电容电压设置为 200 μF;在示波器模块窗口中,点击示波器参数图标,进入示波器参数对话框,因为要同时显示电压和电流两路信号波形,所以调整示波器轴数为 2 路。

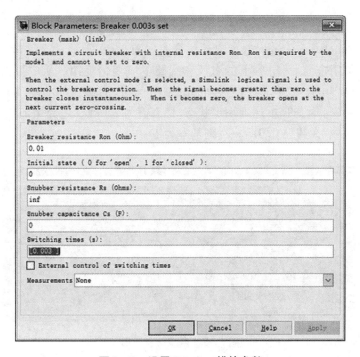

图 3 - 7　设置 Breaker 模块参数

2. 仿真参数的设置

　　如图 3 - 8 所示,在模型窗口中选择菜单[Simulation > Configuration Parameters]选项,弹出仿真参数设置对话框,进行仿真参数的设置。将仿真停止时间由默认值改为 0.015 s;因为包含断路器等非线性元件,故将仿真算法由默认的 Ode45 改为更为良好的 Ode23tb 算法。

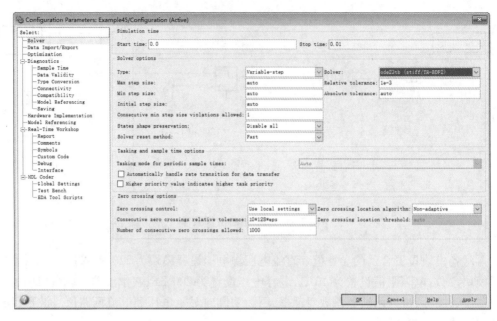

图 3 - 8　设置仿真参数

3. 使用示波器模块分析仿真结果

选择菜单[Simulation > Star]选项启动仿真。如图 3 - 9 所示,仿真结束后,双击示波器模块,观察在开关闭合前后,电容上的电压和线路电流变化规律。从中可见,当在 0.003 s 时刻闭合开关,电容电压 U 呈非线性递增,增加速度先快后慢,在 0.006 s 时刻达到 170 V 左右,大约在 0.013 s 时刻基本达到稳定状态,稳态值为 220 V。电路电流 I 在 0.003 s 时刻最大,呈非线性递减,大约在 0.013 s 时刻基本为零。

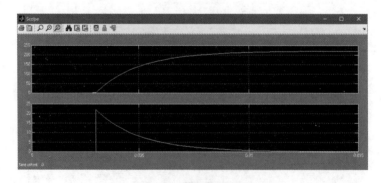

图 3 - 9　电路仿真波形

4. "思政"学习

(1)树立正确的价值观,努力提高自己的科研技能,利用科学知识为国家做贡献,不做违法犯罪的行为。

(2)了解中国高校被美国政府禁用 MATLAB 的事件,树立正确的科学价值观,增强对新时代社会主义的使命感。

（3）学习实验室实训守则，遵守学校的各项规章制度，勇于承担责任。

四、实训报告

1. 列出 Simulink 模块库的具体组成，打开 Simulink 模块库浏览器截图并保存。
2. 搭建【例 2 - 1】仿真模型，运行并保存仿真结果，分析现象原因，举例说明 Simulink 基本操作、Simulink 仿真运行使用和示波器模块过程中任意一个操作步骤。
3. 写出 Simulink 仿真建模的一般步骤。

五、思考题

如何在同一模型窗口内进行模块复制？如何在不同模型窗口内进行模块复制？比较二者的不同。

实训 3　电力系统仿真模型的建立

一、实训目的

1. 了解电力系统主要元器件的等效模块。
2. 掌握电力系统主要模块参数设置的方法。

二、实训内容

1. 学习同步电机、电力变压器、输电线路和负荷等模块的仿真建模原理。
2. 学习设置同步电机、电力变压器、输电线路和负荷等模块的参数。
3. 学习断路器和故障模块的工作原理，并会设置其参数。

三、实训原理及过程

1. 总结电力系统主要元器件的仿真建模方法。
2. 启动电力系统仿真模块库并新建仿真模型。
3. 调用简化同步电机模块，双击图标设置参数。
4. 调用三相双绕组变压器模块，双击图标设置参数。
5. 调用 PI 型等效电路模块，双击图标设置参数。
6. 调用直流电机模块，双击图标设置参数。
7. 调用三相断路器模块，双击图标设置参数。
8. 保存仿真模型。

四、实训报告

1. 列出电力系统仿真模块库的组成，打开电力系统仿真模块库截图并保存。
2. 写出组成电力系统的主要电力设备，并截图记录其仿真模型图。
3. 记录一种电力系统主要模块的参数设置界面，并简述设置方法。

五、思考题

如何从参数设置中辨别异步电机运行方式？

实训 4　电力图形用户界面的使用

一、实训目的

1. 熟悉电力图形用户分析界面的功能。
2. 掌握 Powergui 模块各窗口的使用方法。

二、实训内容

【例 4 - 1】　运行 Simulink 软件,建立如图 3 - 10 所示电路模型,进行系统参数设置,运行初始状态设置窗口和稳态电压电流分析窗口,并使用 LTI 视窗分析系统状态,最后生成报表、保存文档。

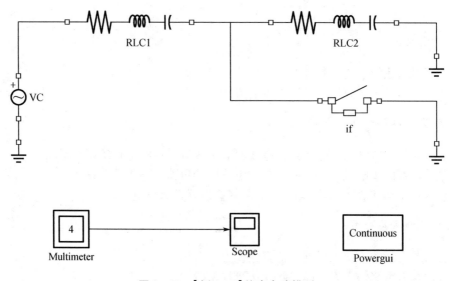

图 3 - 10　【例 4 - 1】仿真电路模型

三、实训原理及过程

1. 系统参数设置

新建 Simulink 模型,找到所需模块并拖曳到新建模型窗口中,进行适当地排列并用信号线将其正确连接,并根据系统的实际物理意义,修改各模块标签名称,其中交流电压源模块(VC Voltage Source)来自电力系统模块库的电源子库(Electrical Sources);断路器模块(Breaker)来自电力系统模块库的电力设备子库(Elements),用以模拟开关;RLC 串联支路模块(Series RLC Branch)来自电力系统模块库的电力设备子库;接地模块(Ground)来自电力系统模块库的电力设备子库;万用表模块(Multimeter)来自电力系统模块库的测量子库(Measurement);示波器模块(Scope)来自 Sinks 子库,显示仿真模型的输出波形。

设置 VC 模块的电压幅值为 100 V,相角为 50°,频率为 50 Hz;设置 RLC1、RLC2 模块的电阻值为 15 Ω,电感值为 60e - 3H,电容值为 1e - 6F;设置 if 模块的开关动作时间为

[0.04　0.07]，其余参数为默认值，万用表模块测量 RLC1、RLC2、if 模块的电流值和 if 模块的电压值。

打开菜单[Simulation > Configuration Parameters]选项，将算法参数设为变步长(Variable - step)Ode45 算法，仿真结束时间设为 0.1 s。

2. 使用 Powergui 模块

运行仿真，打开 Powergui 模块的初始状态设置窗口和稳态电压电流分析窗口观察数据；使用 LTI 视窗分析系统状态，可得到如图 3 - 11 所示的结果，并生成如图 3 - 12 所示的报表文件。

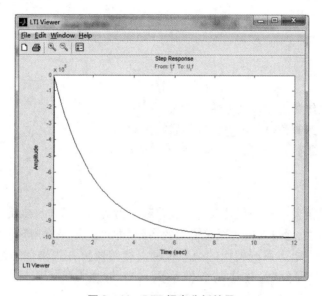

图 3 - 11　LTI 视窗分析结果

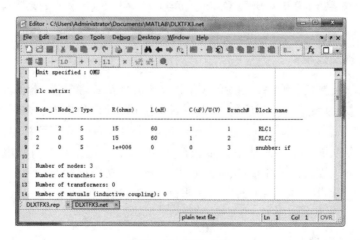

图 3 - 12　报表文件

四、实训报告

1. 列写 Powergui 模块的主要功能和组成部分。
2. 记录一种 Powergui 模块的子工具窗口界面，并简述其使用方法。
3. 结合【例 2 – 1】，记录 Powergui 分析的结果，截图并保存。

五、思考题

如何使用 Powergui 模块确定变压器模块的电压和电流方向？

实训 5　电力系统连续仿真

一、实训目的

1. 掌握连续系统仿真建模的方法及步骤。
2. 学会使用连续算法进行电力系统的稳态仿真。
3. 了解科研要靠勤奋和努力，体会先辈的工匠精神。

二、实训内容

电力系统一般由发电机、变压器、电力线路和电力负荷组成。Simulink 为电力系统的仿真提供了便捷的方法，通过对电力系统模型的搭建，即可逐步完成用户所需仿真分析过程，省去了利用程序建立电力系统模型的烦琐步骤。利用这种方式构建的仿真模型相对于控制系统中的状态方程模型、传递函数模型更具有直观性和实用性的优点。故本节以 Simulink 的连续算法为例，进行电力系统的仿真。

【例 5 – 1】　现有一回长为 300 km 的输电线路，其额定电压为 220 kV、额定频率为 50 Hz，电力线路的技术参数 $z = 0.1 + j0.5(\Omega/km)$、$b = j2.0 \times 10^{-6}(S/km)$，线路末端输送功率为 $0.3 + j100(MV \cdot A)$，试用 Powergui 模块实现连续系统的稳态仿真分析。

三、实训原理及过程

根据已知条件，判定【例 5 – 1】系统为给定末端负荷及首端电压，求首段送入系统功率和末端电压的电力系统潮流分析问题。因此按潮流计算理论分析方法，求解此类问题必须假设全网电压等于额定电压，用末端负荷和额定电压由末端向首端计算出各段功率损耗，此时不计算电压，从而求出各段功率分布和首端功率；然后用给定的首端电压和求得的首端功率，由首端向末端推算电压损耗，此时不再重新计算功率损耗与功率分布，从而求出包括末端在内的各点电压并反复迭代计算，逐步渐近真实值。但利用 Powergui 模块仿真计算潮流就非常简单，具体步骤如下。

1. 系统各模块的选择

结合【例 5 – 1】已知条件，选用仿真模块名称及提取路径见表 3 – 1。如图 3 – 13 所示，选定系统中各元件模块，在 Simulink 模型窗口中搭建【例 5 – 1】系统仿真模型。

表 3-1　各模块名称及提取路径

模块名称	提取路径
交流电压源模块 Vs	SimPowerSystems/Electrical Sources
RLC 串联支路模块 Req	SimPowerSystems/Elements
PI 型等效电路模块 Line1	SimPowerSystems/Elements
RLC 串联负荷 Load1	SimPowerSystems/Elements
接地模块 Ground	SimPowerSystems/Elements
电压测量模块 V1、V2	SimPowerSystems/Measurements
电流表模块 I1	SimPowerSystems/Measurements
信号分离模块 Demux	Simulink/Signal Routing
示波器模块 Scope	Simulink/Sinks
有功功率、无功功率测量模块 PQ	SimPowerSystems/Extra library/Measurements
电力图形用户界面 Powergui	SimPowerSystems

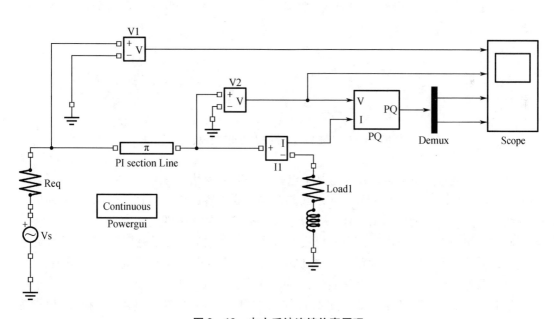

图 3-13　电力系统连续仿真原理

2. 各模块参数的设置

设置交流电压源 V_s 幅值为 $220\sqrt{2}$ kV、频率为 50 Hz、相角为 0°；为方便测量线路电压，设置等效电阻 R_{eq} 为 2 Ω；由于 300 km 长输电线路的技术参数 $z = 0.1 + j0.5(\Omega/km)$、$b = j2.0 \times 10^{-6}(S/km)$，故输电线路电感 $L = 0.0016$ H/km、电容 $C = 0.0064$ μF/km，设置线路 Line1 频率为 50 Hz、单位长度电阻为 0.1、单位长度电感 $L = 0.0016$、单位长度电容 $C = 0.0064 \times 10^{-6}$ 和长度为 300 km；设置负荷 Load1 额定电压为 220 kV、有功功率为 0.3 MW、无功功率为 100 Mvar。

3. 仿真参数的设置

打开菜单［Simulation > Configuration Parameters］选项，将算法参数设为变步长 Ode15s 算法，仿真结束时间设为 0.6 s。

4. 仿真结果

如图 3 – 14 所示，运行仿真模型，双击 Powergui 模块，在主界面选中连续算法仿真（Continuous），打开稳态电压电流分析窗口，出现稳态电压电流分析窗口。

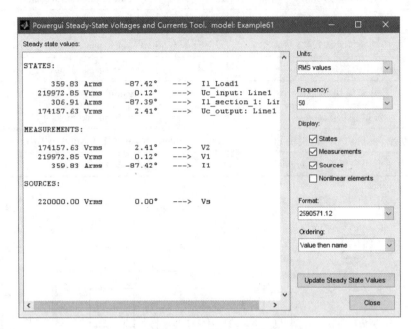

图 3 – 14 【例 5 – 1】稳态电压电流分析窗口

其中状态变量用电流或电压符号加上电感或电容的模块名称表示，如"I1_Load1"表示负荷上的电流值；"Uc_input:Line1"表示线路左侧并联电容的电压值；"Uc_output:Line1"表示线路右侧并联电容的电压值；"I1_section_1:Line1"表示线路串联电感的电流值。

测量模块测得电压或电流用测量模块的名称表示，如"V1"表示电压表 V1 测得线路左侧电压；"V2"表示电压表 V2 测得线路左侧电压；"I2"表示电流表 I1 测得负荷电流值。

电压源电压用系统电压源名称表示，例如，"Vs"表示电压源电压值。

根据以上信息，我们可以计算出流过线路的潮流。PI 型等效电路左侧电压相量为 219.97∠0.12°kV，PI 型等效电路右侧电压相量为 174.16∠2.41°kV，PI 型等效电路的电流为 306.91∠ – 87.39°A，负荷侧电流为 359.83∠ – 87.42°A。故负荷值为

$$\tilde{S} = \dot{V}\,\overset{*}{I}$$
$$= 174.16 \times 359.83 \angle (2.41° + 87.42°)$$
$$= 0.186 + j62.68(\text{MV} \cdot \text{A})$$

如图 3 – 15 所示，通过测量模块也可得到线路两侧电压和实际负荷大小。图中波形从上到下依次为线路左侧电压、线路右侧电压、负荷侧有功功率、负荷侧无功功率。该结果与 Powergui 模块仿真计算所得结论一致。

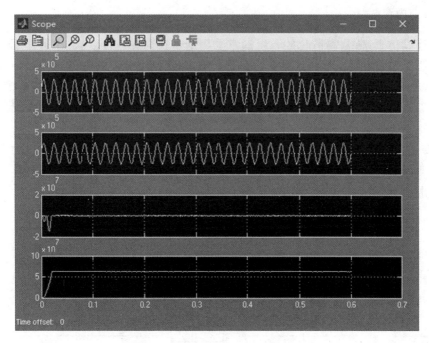

图 3 – 15 【例 5 – 1】仿真波形图

5."思政"学习

(1)了解电力系统工作人员的职业道德守则和工作安全规程,为投身国家电力事业做准备。

(2)学习先辈的工匠精神,提高自身综合素质,不断提升个人修养。

四、实训报告

搭建【例 5 – 1】仿真模型,保存所搭建的框图,运行并记录稳态电压电流结果及仿真波形图,分析现象及原因。

五、思考题

从稳态电压电流分析表中如何确定负荷功率大小?

实训 6 电力系统离散仿真

一、实训目的

1.掌握离散系统仿真建模的方法及步骤。

2.学会使用离散系统进行电力系统的稳态仿真。

3.理解事物的联系是普遍存在的,学会用类比的方法进行离散与连续系统仿真知识的归纳。

二、实训内容

对比连续仿真来说,离散化的系统通常采用定步长算法进行求解,求解速度一般优于变步长算法。采用定步长算法求解时,步长又起决定因素,步长太大可能导致仿真精度不足,步长太小又可能增加仿真运行时间。所以在离散仿真时,需要设计者仔细权衡,确定合适的仿真参数,故本节以 Simulink 的离散算法为例,进行电力系统的仿真,区别离散算法和连续算法的不同。

【例 6-1】 将实训 5 中的 PI 型等效电路进行离散化处理,将模块段数改为 10 段,其他条件不变,试用 Powergui 模块进行离散系统的仿真,并分析不同步长的离散算法和连续算法的区别。

三、实训原理及过程

1. 系统模块的选择

如图 3-16 所示,选定系统中各元件模块,在 Simulink 模型窗口中搭建【例 6-1】系统仿真模型。选取模块种类与【例 5-1】大致相同。

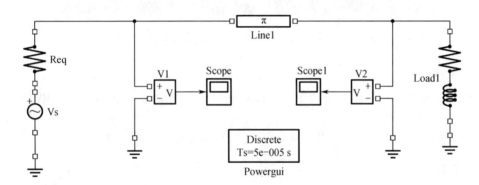

图 3-16　电力系统离散仿真原理

2. 系统参数的设置

如图 3-17 所示,双击【例 6-1】系统模型中 PI 型等效电路模块,打开参数对话框,将分段数改为 10;打开 Powergui 模块,选择离散化电气模型选项,设置采样时间为 25×10^{-6} s,系统运行时,将以 25 μs 的采样率进行离散化仿真;其余模块参数均与【例 5-1】相同。

由于进行了电气模型离散化处理,因此在该系统中无连续状态变量,所以采用定步长的离散算法进行仿真。如图 3-18 所示,打开菜单[Simulation > Configuration parameters]对话框,将仿真参数设置为定步长(Fixed-step)离散(discrete no continuous states)算法,并设置步长时间为 25 μs。

3. 仿真结果比较

为了得到仿真实际时间,仿真运行完毕,可在 MATLAB 命令窗口输入"tic;sim(gcs);toc"指令,得到离散系统仿真运行时间;打开 Powergui 模块,选择连续算法选项,并将仿真算法改为变步长连续积分算法 Ode23s,再次输入"tic;sim(gcs);toc"指令,得到连续系统仿真运行时间。系统所用仿真时间将以秒为单位显示在 MATLAB 命令窗口中,如图 3-19 所示。由图可得到离散系统仿真运行时间为 0.282 s；连续系统仿真运行时间为 0.309 s。因此，在特定情况下离散算法比连续算法更快。

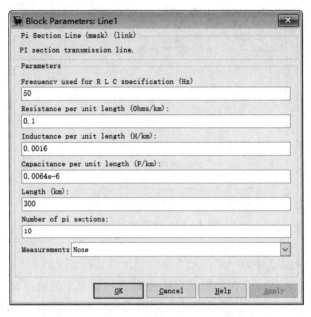

图 3 - 17　PI 型等效电路模块参数对话框

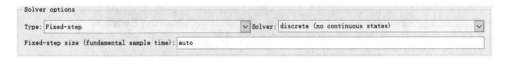

图 3 - 18　设置【例 6 - 1】系统仿真参数

为了分析不同步长的离散算法和连续算法的区别，进行如下仿真改变：连续仿真，$T_s = 0$ s；离散仿真，$T_s = 25$ μs；离散仿真，$T_s = 50$ μs。

为了比较仿真精度，将示波器模块（Scope）V2 的仅显示最新数据复选框（Limit data points to last）取消选中，这样可以观察到整个仿真过程中的所有数据；并选中将数据保存到工作空间（Save data points to workspace）选项，将变量名指定为 V_2，格式为列向量（Array）。

（1）连续仿真

开始连续系统仿真，仿真结束时间选为 0.02 s。仿真结束后，在 MATLAB 命令窗口中输入"Vlx = V2"命令，电压 V_2 被保存在变量 V_{1x} 中。

（2）离散系统仿真，$T_s = 25$ μs

重新开始仿真，将系统离散化，设置仿真步长 $T_s = 25$ μs；仿真参数中的步长也设置为 25 μs，仿真结束时间为 0.02 s。在 MATLAB 命令窗口中输入"Vls25 = V2"命令，仿真结束后，将电压 V_2 保存在变量 V_{ls25} 中。

（3）离散系统仿真，$T_s = 50$ μs

再次仿真，设置仿真步长为 $T_s = 50$ μs，仿真结束时间为 0.02 s。在 MATLAB 命令窗口中输入"Vls50 = V2"命令，仿真结束后，将电压 V_2 保存在变量 V_{ls50} 中。

图 3 - 19 仿真时间对比

在 MATLAB 命令窗口中输入"plot(Vlx(:,1),Vlx(:,2),Vls25(:,1),Vls25(:,2),Vls50(:,1),Vls50(:,2))",可在图形窗口中得到三种情况下的电压波形,将坐标轴目标调整到 0.004 8 s 附近,观察三种仿真的差别。如图 3 - 20 所示,25 μs 离散系统仿真结果精度最高;50 μs 离散系统仿真结果与 25 μs 相近,但精度略有下降;连续系统仿真结果除了仿真步长不同外,仿真精度也最低。

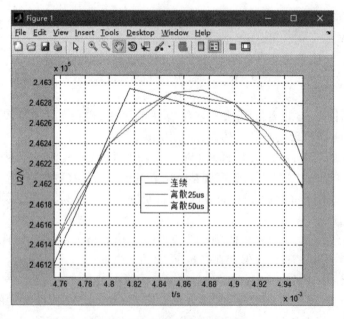

图 3 - 20 三种仿真波形对比

4."思政"学习

通过对比分析不同步长的离散算法和连续算法的区别,进行相应地仿真分析,总结类比学习的研究方法,验证马克思主义哲学"事物的联系是普遍存在的"的正确性,引发对主要矛盾和次要矛盾的思考。

四、实训报告

搭建【例 6 - 1】仿真模型,保存所搭建的框图,运行并记录仿真结果及仿真波形图,分析现象原因。

五、思考题

如何比较离散积分算法与连续积分算法仿真的快慢?

实训 7　电力系统相量法仿真

一、实训目的

1. 掌握电力系统相量法仿真建模的方法及步骤。
2. 学会使用相量法进行电力系统的稳态仿真。

二、实训内容

相量法的基础是用一个称为相量的向量或复数来表示特定频率下的正弦电压和电流。相量法的是分析正弦稳态系统的便捷方法,它求解电压电流的相角和幅值或有效值,将描述系统特征的微分(积分)方程变换成复数代数方程,从而简化了电路的分析和计算,提高了计算速度。但是,相量法求出的解是特定频率的解,不具有通频性。

【例 7 - 1】　一回 220 kV 工频输电线路的长度为 300 km,技术参数 $z = 0.1 + j0.5(\Omega/km)$、$b = j2.0 \times 10^{-6}(S/km)$,线路末端输送功率为 $0.3 + j100(MV \cdot A)$,若用 10 段 PI 型等效电路模块模拟该线路,试用 Powergui 模块对系统进行相量法稳态仿真。

三、实训原理及过程

1. 系统模块的选择

如图 3 - 21 所示,选定系统中各元件模块,在 Simulink 模型窗口中搭建电力系统相量法仿真模型。选取模块种类与实训 5、实训 6 大致相同。

2. 系统参数设置

打开 Powergui 模块,在主窗口中选择相量法仿真选型,并设定仿真频率为 50 Hz;打开电压测量模块 V1、V2,如图 3 - 22 所示,选择幅值 - 相角模式(Magnitude-Angle)。在用相量法进行仿真分析时,电压或电流表模块可以设置四种输出格式:复数(Complex)、实部 - 虚部(Real-Imag)、幅值 - 相角(Magnitude-Angle)、幅值(Magnitude),如果选择复数格式测量数据,示波器无法直接显示波形,可以使用复数分离模块(Complex to Real-Imag)分实部和虚部显示数据。其余模块参数均与【例 6 - 1】相同。

3. 仿真结果

如图 3 - 23 所示,运行仿真,待仿真结束后,得到输电线路左端电压 V_1 和右端电压 V_2 的幅值和相角。V_1 电压幅值为 311.09 kV,相角为 0.12°;V_2 侧电压幅值为 246.29 kV,相角为 2.41°,与【例 5 - 1】的仿真结果一致。

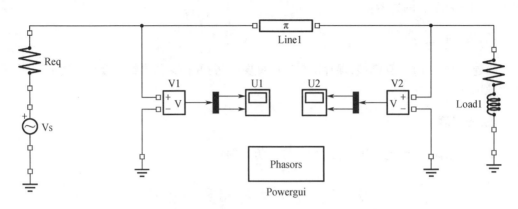

图 3 – 21　电力系统相量法仿真原理

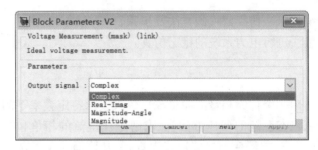

图 3 – 22　【例 7 – 1】电压测量模块

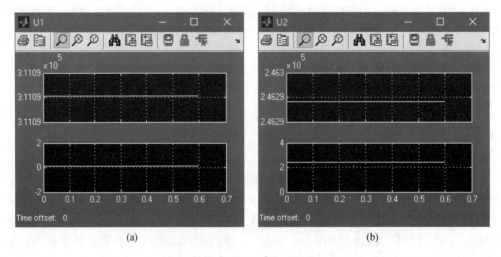

图 3 – 23　【例 7 – 1】系统仿真结果

四、实训报告

搭建【例 7 – 1】仿真模型,保存所搭建的框图,运行并记录稳态电压电流结果及仿真波形图,分析现象原因。

五、思考题

如何设置使仿真结果以电压有效值与相角的形式表示？

实训 8　电力系统电磁暂态仿真

一、实训目的

1. 掌握高频振荡系统仿真建模的方法及步骤。
2. 学会使用 Simulink 软件进行电力系统电磁暂态仿真。

二、实训内容

电磁暂态过程是指电力系统各个元件中电场和磁场以及相应的电压和电流的变化过程。电磁暂态仿真侧重于操作过电压、行波、高次谐波以及变压器等元件饱和特性的分析，仿真时间为电力系统扰动后从数微秒至数秒之间的电磁暂态过程，电磁暂态过程仿真步长为微秒级，常取 $20 \sim 200\ \mu s$。

【例 8 - 1】　某线电压为 220 kV 的电压源经由一个断路器和一回长度为 300 km 的工频输电线路向负荷供电，负荷大小为 $0.3 + j100(MV \cdot A)$，输电线路的技术参数 $z = 0.1 + j0.5(\Omega/km)$、$b = j2.0 \times 10^{-6}(S/km)$，试对该系统的高频振荡进行电磁暂态仿真，对比不同输电线路模型和仿真类型的精度差别。

三、实训原理及过程

1. 系统各模块的选择

结合【例 8 - 1】已知条件，选用仿真模块名称及提取路径见表 3 - 2。如图 3 - 24 所示，选定系统中各元件模块，在 Simulink 模型窗口中搭建【例 8 - 1】系统单相仿真模型。

表 3 - 2　【例 8 - 1】各模块名称及提取路径

模块名称	提取路径
交流电压源模块 Vs	SimPowerSystems/Electrical Sources
RLC 串联支路模块 Req	SimPowerSystems/Elements
RLC 并联支路模块 Zeq	SimPowerSystems/Elements
断路器模块 Breaker1	SimPowerSystems/Elements
PI 型等效电路模块 Line1	SimPowerSystems/Elements
RLC 串联负荷 Load1	SimPowerSystems/Elements
接地模块 Ground	SimPowerSystems/Elements
电压测量模块 V1、V2	SimPowerSystems/Measurements
示波器模块 U1、U2	Simulink/Sinks
增益模块 Gain	Simulink/Math Operations
电力图形用户界面 Powergui	SimPowerSystems

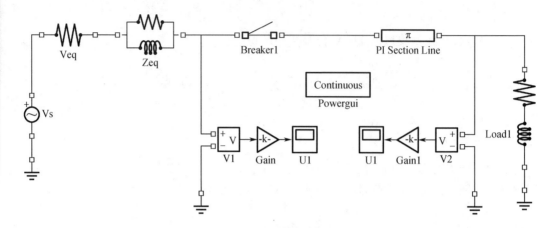

图 3-24　电磁暂态仿真原理

2.各模块参数的设置

设置交流电压源 V_s 幅值为 $220\sqrt{2}$ kV、频率为 50 Hz、相角为 0°；为方便测量线路电压，设置等效电阻 R_{eq} 为 2 Ω；由于 300 km 长输电线路的技术参数 $z = 0.1 + j0.5 (\Omega/km)$、$b = j2.0 \times 10^{-6} (S/km)$，故输电线路电感 $L = 0.001\ 6$ H/km、电容 $C = 0.006\ 4$ μF/km，设置线路 Line1 频率为 50 Hz、单位长度电阻为 0.1、单位长度电感为 0.001 6、单位长度电容为 0.006 4 × 10^{-6} 和长度为 300 km；设置负荷 Load1 额定电压为 220 kV、有功功率为 0.3 MW、无功功率为 100 Mvar；增益模块 K 值取 $1/220\sqrt{2} \times 10^3$。取电源容量为 1 000 MV·A，转子 R/X 为 1/10，RLC 并联支路模块 Zeq 的参数设置如图 3-25 所示。如图 3-26 所示，设置断路器模块 Breaker1 的电阻为 0.001 Ω，初始状态为断开状态，取消缓冲电路，动作时间设为 0.003 s。

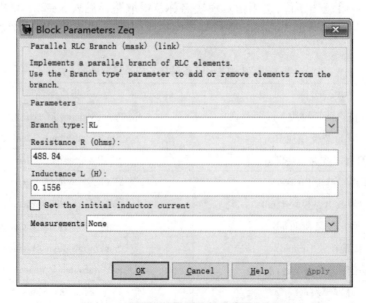

图 3-25　RLC 并联支路模块参数对话框

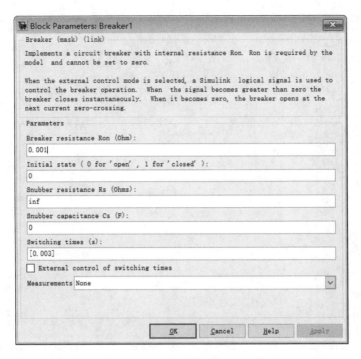

图 3 – 26　断路器模块参数对话框

3. 仿真参数的设置

打开菜单［Simulation > Configuration Parameters］选项,将算法参数设为变步长 Ode15s 算法,仿真结束时间设为 0.02 s。

4. 不同输电线路模型对比

依据实训 6 的方法,依次设置线路 Line1 为 1 段 PI 型等效电路、10 段 PI 型等效电路和分布参数线路,把仿真结果电压 V_2 分别以 V_{1PI}、V_{10PI} 和 V_{fb} 保存到工作空间中,并绘出对应波形,如图 3 – 27 所示。

由图可知,断路器在 0.003 s 闭合,系统此时产生高频振荡。其中,1 段 PI 型等效线路与其他线路模型相比,仅在低频率范围内保持波形一致;10 段 PI 型等效线路可以表现更高频率的系统震荡,由于系统线路波过程的影响,分布参数线路在断路器闭合后存在 1.2 ms 的时间延迟。

5. 不同仿真类型对比

用 10 段 PI 型等效电路模块依据实训 6 的方法,分别以连续算法、步长为 25 μs 的离散系统和步长为 50 μs 的离散系统进行仿真,把仿真结果电压 V_2 分别以 V_{lx}、V_{ls25} 和 V_{ls50} 保存到工作空间中,并绘出对应波形,如图 3 – 28 所示。

由图可知,25 μs 步长离散系统与连续算法仿真均可以表现较高频率的系统震荡,50 μs 步长离散系统虽总体情况与前两种保持一致,但在某些特定频率已有微弱误差。综合比较,25 μs 步长离散系统不但仿真精度较高,而且可以减少仿真时间,提高仿真速度。

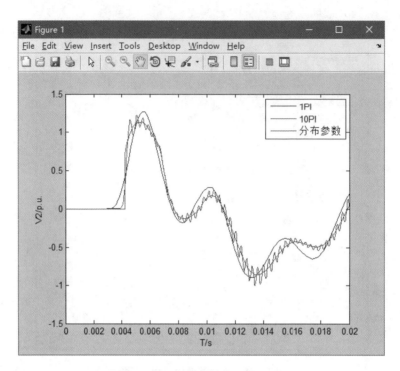

图 3 – 27　不同线路模型 V_2 波形对比

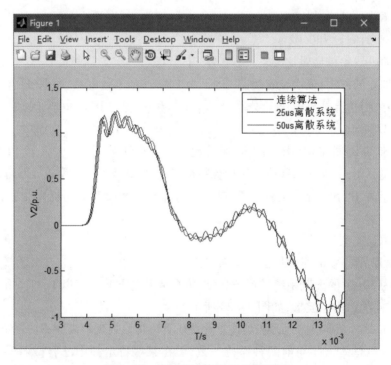

图 3 – 28　不同仿真类型 V_2 波形对比

四、实训报告

搭建【例8－1】仿真模型,保存所搭建的框图,运行并记录仿真结果及仿真波形图,分析现象及原因。

五、思考题

高频振荡产生的时间是多少? 哪种线路模型能较好地反映这种振荡?

实训9　电力系统机电暂态仿真

一、实训目的

1. 了解 SVC 和 PSS 的工作原理。
2. 掌握电力系统机电暂态仿真建模与参数设置。
3. 学会使用 Simulink 软件进行电力系统机电暂态仿真。

二、实训内容

机电暂态过程是指电力系统中发电机和电动机电磁转矩的变化引起电机转子机械运动变化的过程,时间为电力系统扰动后几秒到十几秒。在暂态过程中,很难精确计算所有机电参数的变化,一般的工程问题往往也不需要精确计算。在系统扰动较大的情况下,暂态分析和计算的目的往往是确定发电机能否保持同步运转。所以只须研究发电机功角特性随时间的变化情况即可。在本节中,通过 Simulink 自带示例,对电力系统进行机电暂态稳定性仿真。

【例9－1】　一座1 000 MW 的水力发电厂通过一条500 kV、700 km 长的输电线路与负荷中心相连,负荷中心采用5 000 MW 负荷模型。负荷由远端的1 000 MW 发电厂和本地的5 000 MW 发电厂联合供电。为了维持故障后系统的稳定,输电线路在其中心采用了一台200 Mvar 的静止无功补偿器(SVC)进行并联补偿。两个水轮发电机组均配置水轮机调速器、励磁系统和电力系统稳定器(PSS)。试对不使用 SVC 的单相故障和使用 SVC 和 PSS 的三相故障进行仿真,并观测系统的暂态稳定性。

三、实训原理及过程

1. 打开仿真模型

在命令窗口输入"demos"命令,弹出在线演示系统,在导航中点击[Simulink > SimPowerSystems > FACTS Models > SVC and PSS]选项,如图3－29所示,即可打开【例9－1】系统仿真模型。

2. 各模块参数设置

双击进入涡轮和调速器(Turbine & Regulators)子系统,其结构如图3－30所示。在涡轮和调速器子系统中,与励磁系统相连的电力系统静态稳定器有两种:一种通用 PSS 模块(Generic Power System Stabilizer),另一种是多频带 PSS 模块(Multi-Band Power System Stabilizer)。通过手动设置图3－29左下方的开关模型即可投切不同类型的 PSS 模块。

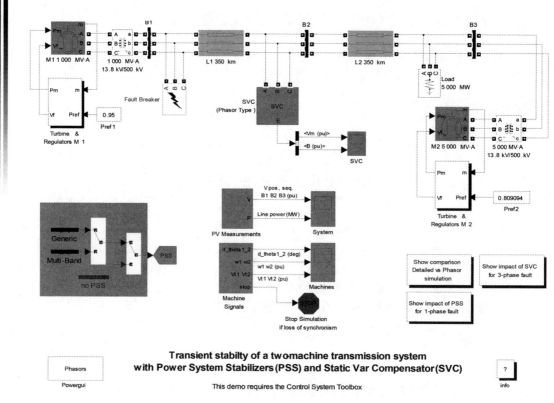

图 3 – 29　电力系统机电暂态仿真原理

打开图 3 – 29 中 SVC 模块的参数对话框,在显示(Display)中可以选择功率数据选项(Power data)或控制参数选项(Controls parameter)。如果选择功率数据选项,如图 3 – 31 所示,将显示功率参数,确定 SVC 的额定容量是 200 MV·A;若选择控制参数选项,如图 3 – 32 所示,将显示控制参数,可以设置 SVC 的运行方式(Mode of operation)为电压调节模式(Voltage regulation)或无功控制模式(Var control),默认设置为无功控制模式。若不使用 SVC,则将无功控制电纳(Bref for var control mode)设置为零。

3. 系统参数设置

打开 Powergui 模块主窗口,选中相量法分析选项以加快仿真速度。点击主窗口中潮流计算和电机初始化选项进行初始化设置。将发电机 M1 定义为 PV 节点(V = 13 800 V, P = 950 MW);发电机 M2 定义为平衡节点(V = 13 800 V, δ = 0°),估计发出有功功率为 4 000 MW。

4. 不使用 SVC 的单相故障仿真

电力系统发电机并列运行时,因发电机在扰动下发生转子间的相对摇摆,并在缺乏阻尼时持续振荡,发电机的转子角速度、转速或相关电气量,如线路功率、母线电压等发生近似等幅或增幅的振荡,由于振荡频率较低,一般在 0.1 ~ 2.5 Hz,故称为低频振荡。电力系统低频振荡常发生在弱联系、远距离或重负荷输电线路上,在采用快速、高放大倍数励磁系统的条件下更容易发生。

不使用 SVC,设置 SVC 无功控制电纳为零;设置三相故障模块在 0.1 s 时发生 A 相接地故障,0.2 s 时清除故障。如图 3 – 33 所示,分别对投入通用 PSS 模块、投入多频带 PSS 模块和不使用 PSS 模块的情况进行仿真。图中波形从上到下依次为两台电机之间转子的相角差、发电机 M1 的转速和 SVC 正序电压值。

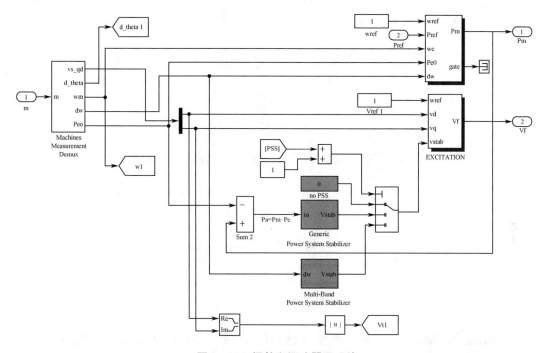

图 3 - 30　涡轮和调速器子系统

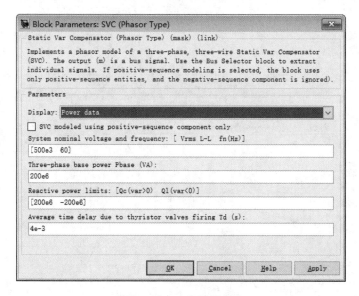

图 3 - 31　功率数据参数

　　从图中可知,故障清除后,在不投入 SVC 的情况下,使用电力系统稳定器的系统是稳定的,0.8 Hz 的系统振荡能够迅速衰减。这种振荡在大型电力系统中非常典型。当两台电机之间转子的相角差达到 90°时,能量传递达到最大。如果两台电机之间转子的相角差超过90°的时间过长,机器将失去同步,系统将不稳定。在故障期间,发电机 M1 的转速会增加,因此故障期间发电机 M1 的电磁功率低于机械功率。若投入通用 PSS 模块,增加仿真时间,在故障清除后,发电机 M1 将以较低的频率(0.025 Hz)一起振荡;若投入多频带 PSS 模块,则可以成功抑制 0.8 Hz 振荡和 0.025 Hz 振荡,两种 PSS 都能成功抑制 0.8 Hz 振荡。

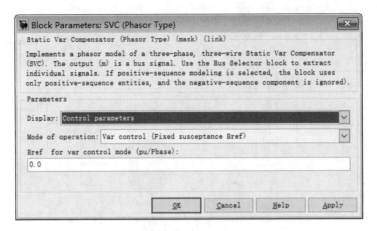

图 3 − 32 控制参数

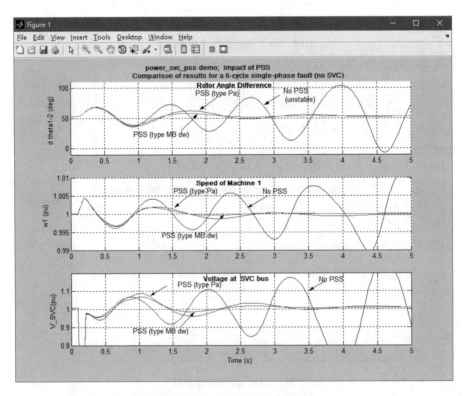

图 3 − 33 单相故障仿真波形

5. 使用 SVC 和 PSS 的三相故障仿真

将通用 PSS 模块投入使用(进入涡轮和调速器子系统,同时验证两个通用 PSS 模块是否处于运行状态,即 PSS 常量模块的值是否为 1)。打开 SVC 模块参数对话框,将 SVC 模块的运行方式设为电压调整,将参考电压(Reference voltage vref)设为 1. 009 p. u. 。当系统电压低于参考电压时,SVC 模块将通过在线路注入无功功率的方式来维持电压的大小。设置三相故障模块在 0. 1 s 时发生三相接地故障,0. 2 s 时故障消失,其余参数不变。如图 3 - 34 所示,分别对投入 SVC 模块和不使用 SVC 模块的情况进行仿真。图中波形从上到下依次为两台转子间相角差、发电机 M1 转速、SVC 的正序电压值、SVC 等效电纳。

由图 3 - 34 可知,三相接地故障时,在投入 SVC 和 PSS 的情况下,两电机之间的转子相角差虽有短时超过 100°,但最后仍是稳定的。未使用 SVC 时,两台电机在故障清除后很快就失去同步,电机发电机 M1 转速先降低,之后迅速增长,SVC 等效电纳为零,表示对系统没有电压调节作用;投入 SVC 模块时,SVC 等效电纳将上下浮动,并在电压偏离其参考值时进行 SVC 模块的电压补偿。

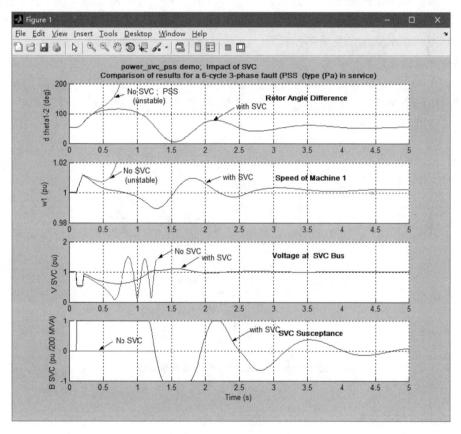

图 3 - 34 三相故障仿真波形

四、实训报告

搭建【例 9 - 1】仿真模型,保存所搭建的框图,运行并记录仿真结果及仿真波形图,分析现象及原因。

五、思考题

对比总结通用电力系统稳定器和多频带电力系统稳定器的不同。

实训 10　给定电力系统的潮流仿真计算

一、实训目的

1. 熟悉电力系统仿真建模原理与参数设置要点。
2. 掌握电力系统潮流仿真计算方法及步骤。
3. 提高自我学习能力,抓住主要矛盾,培养大局意识。

二、实训内容

电力系统潮流计算是研究电力系统稳态运行情况的一种基本电气计算。它的任务是根据给定的运行条件和网络结构确定整个系统的运行状态,如各母线上的电压(幅值及相角)、网络中的功率分布以及功率损耗等。下面将结合一个简单的系统示例,来进行给定电力系统的潮流仿真计算。

【例 10 - 1】　某两机五节点电力系统接线如图 3 - 35 所示,等值电路的阻抗和对地导纳标幺值均标于图中,已知节点①②③为 PQ 节点,节点④为 PV 节点,节点⑤为平衡节点,试对该系统进行潮流计算分析。

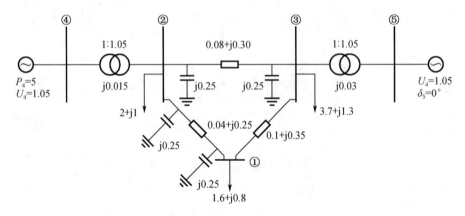

图 3 - 35　两机五节点电力系统接线图

三、实训原理及过程

1. 电力系统模块的选择

在电力系统模块库中 Simulink 为用户提供了丰富的电力设备模块,如发电机、变压器、线路、母线和负荷等。想利用 Powergui 模块进行电力系统潮流计算分析,首先要根据原始数据和节点的类型(PQ 节点、PV 节点及平衡节点)对模块进行选择,不同的模块可能导致运算结果出现差异,严重时会使仿真系统无法正常运行。针对【例 10 - 1】两机五节点电力系统,可选择如下电力设备模块:

(1)发电机

系统中的两台发电机选用标幺制标准同步电机模块,该模块使用标幺值参数,以转子

d、q 轴为参考坐标系,定子绕组为星形连接。

(2)变压器

系统中的两台变压器选用三相两绕组变压器模块,采用 Y–Y 连接方式。

(3)线路

系统中带有对地导纳的线路选用三相 PI 型等效电路模块,没有对地导纳的线路选用三相 RLC 串联支路模块。

(4)母线

系统中母线选用带有测量功能的三相电压电流测量模块(Three-Phase V-I Measurement)。为了方便测量流过线路的潮流,在线路元件的两端也增设了此模块。

(5)负荷

在电力系统模块库中 Simulink 为用户提供了两种静态三相负荷模块,即三相 RLC 并联负荷、三相 RLC 串联负荷。这两种模块采用恒阻抗支路模拟负荷状态,仿真运行时,在频率不变的情况下,负荷阻抗为常数,负荷吸收的有功功率和无功功率与负荷的电压二次方成正比。然而在潮流计算中,当母线为 PQ 节点类型时要求负荷输入或输出恒定的功率,显然这两种模块无法实现此功能,所以最终选择动态负荷模型来仿真 PQ 节点上的负荷。

如图 3 – 36 所示,选定系统中各元器件模块,在 Simulink 模型窗口中搭建【例 10 – 1】两机五节点电力系统仿真模型。

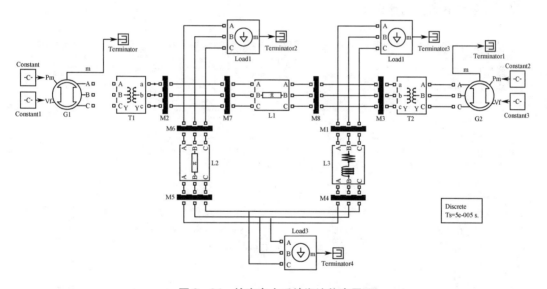

图 3 – 36　给定电力系统潮流仿真原理

2. 各模块参数的设置

在电力系统潮流计算中,基准功率常取 $S_B = 100\ \mathrm{MV \cdot A}$,基准电压近似取各级平均额定电压。两机五节点电力系统中,并没有给出实际的电压等级,因此取发电机侧电压等级为 10 kV,线路侧电压等级为 110 kV,对应的基准电压则为 10.5 kV 和 115 kV。而在 Simulink 电力系统潮流仿真计算中,发电机、变压器等标幺制模块的各参数均以自身额定功率和额定电压为基准,这里需要用户特别注意。为了方便分析,将两台发电机定义为 G1、G2;变压器定义为 T1、T2;三条线路定义为 L1、L2、L3;负载分别用 Load1、Load2、Load3 表示。

（1）设置发电机模块参数

如图 3 – 37 所示，在模型窗口中打开发电机模块 G1、G2 的参数对话框，为方便仿真潮流计算，发电机的额定功率设为基准功率 S_B，等于 100 MV·A，主要原因是若取其他值，发电机、变压器等标幺制模块的各参数均以自身额定功率和额定电压为基准，Powergui 仿真计算出的标幺值结果会改变。额定电压设为 10.5 kV、频率设为 50 Hz，初始条件参数（Initial conditions）可在运行 Powergui 模块时自动获取，其他参数采用默认设置。

（2）设置变压器模块参数

如图 3 – 38 所示，在模型窗口中打开变压器模块 T1、T2 的参数对话框，因其变比为 1∶1.05，所以设置变压器模块低压侧额定电压为 10.5 kV，高压侧额定电压为 121 kV。为避免变压器 T1、T2 的漏抗标幺值出现偏差，故其将额定容量设置为 100 MV·A。在电力系统潮流计算中，变压器一般可等效为其漏阻抗和理想变压器串联的等值电路，为了仿真等同效果，应将其漏电阻设置得尽可能小一些，其励磁电阻、电抗设置得要大一些。故将变压器 T1、T2 的漏电阻均设置为 0.000 2；其励磁电阻、电抗均设置为 5 000；T1、T2 的漏电抗设为 0.015 和 0.03。

（3）设置线路模块参数

无论是三相串联 RLC 支路模块还是三相 PI 型等效电路模块，其参数均为有名值。以三相 PI 型等效电路模块 L1 为例，其支路阻抗为 $Z_* = 0.08 + j0.30$，两对地导纳均为 $Y_* = j0.25$。其参数有名值的计算如下。

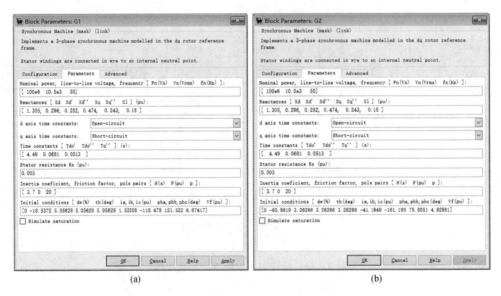

图 3 – 37　G1、G2 模块参数对话框

电阻有名值：$R = R_* \dfrac{U_B^2}{S_B} = 0.08 \times \dfrac{115^2}{100}\Omega = 10.58\ \Omega$。

电感有名值：$L = \dfrac{X_* U_B^2}{\omega S_B} = \dfrac{0.3}{314} \times \dfrac{115^2}{100}H = 0.126\ 3\ H$。

电容有名值：$C = 1/\left(\dfrac{\omega U_B^2}{Y_* S_B}\right) = 1/\left(\dfrac{314}{0.5} \times \dfrac{115^2}{100}\right)F = 12 \times 10^{-5}F$。

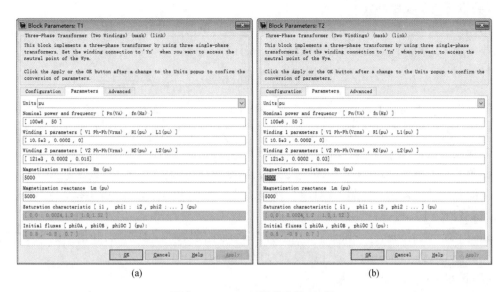

(a)   (b)

图 3 - 38　T1、T2 模块参数对话框

如图 3 - 39 所示,为了方便,在线路 L1 模块参数对话框中将线路的长度设置为 1 km,直接输入上式计算结果,模块的零序采用默认值。线路 L2、L3 的参数计算设置过程与 L1 相似,在此不再赘述。

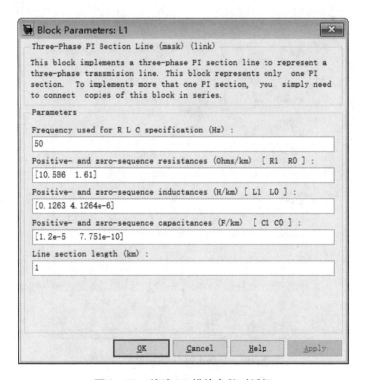

图 3 - 39　线路 L1 模块参数对话框

（4）设置负荷模块参数

由 2.6 节可知，当负荷电压低于最小电压 V_{min} 时，负荷的阻抗为常数。如果负荷电压大于最小电压 V_{min} 时，有功和无功功率按以下公式计算：

$$P(s) = P_0 \left(\frac{V}{V_0}\right)^{n_p} \frac{(1 + T_{p1}s)}{(1 + T_{p2}s)}, Q(s) = Q_0 \left(\frac{V}{V_0}\right)^{n_q} \frac{(1 + T_{q1}s)}{(1 + T_{q2}s)}$$

系统中负荷 Load1、Load2、Load3 所接母线均为 PQ 节点，要求输出或输入恒定功率，因此设置 P_0、Q_0 为负荷自身的有功功率和无功功率，负荷特性指数 n_p、n_q，控制功率动态特性的时间常数 T_{p1}、T_{p2}、T_{q1}、T_{q2} 均设置为 0。

如图 3–40 所示，设置 Load1 模块的参数，额定电压设为 115 kV、频率设为 50 Hz；初始电压下的有功功率设为 200 MW（对应标幺值为 2）、初始电压下的无功功率设为 100 Mvar（对应标幺值为 1）；负荷特性指数 n_p、n_q，时间常数 T_{p1}、T_{p2}、T_{q1} 和 T_{q2} 均设为 0；正序电压初始值（Initial positive-sequence voltage）可在运行 Powergui 模块时自动获取，其他参数采用默认设置。负荷 Load2、Load3 的参数计算设置过程与 Load1 相似，在此不再赘述。

（5）设置 Powergui 模块参数

完成基本模块参数的设置后，打开菜单［Simulation > Configuration parameters］对话框，将仿真参数设置为可变步长的离散算法（discrete no continuous states）。双击 Powergui 模块，选择离散化电气模型选项，设置采样时间为 5×10^{-5} s，在主界面打开潮流计算和电机初始化窗口，在电机显示栏中选择发电机 G1，设置其为 PV 节点，输出线电压设置为 11 025 V（对应的标幺值 1.05），有功功率为 500 MW；选择发电机 G2，设置其为平衡节点，输出线电压设置为 11 025 V（对应的标幺值 1.05），电机 A 相相电压的相角为 0，频率为 50 Hz。

图 3–40　负荷 Load1 模块参数对话框

3. 仿真结果分析

完成参数设置后,如图 3-41 所示,在潮流计算和电机初始化窗口中点击更新潮流选项(Update Load Flow),就能得到【例 10-1】两机五节点电力系统各个节点潮流计算的结果,包括电压幅值、电压相角、各相电压值、电流值、有功功率和无功功率等。例如:发电机 G1 输出功率的标幺值为 5.077 + j1.785;发电机 G2 输出功率的标幺值为 2.578 + j2.256。

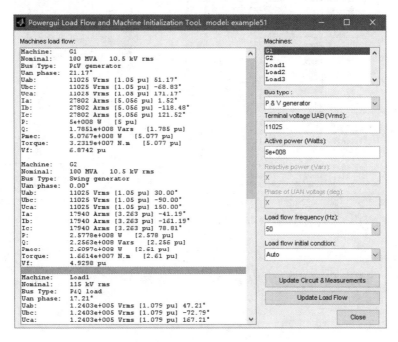

图 3-41　电力系统各节点潮流计算结果

如图 3-42 所示,在主界面打开稳态电压电流分析窗口还能得到各母线上的电压降落和电流分布,从而计算出流过各线路、变压器的潮流。以线路 L1 为例,母线 M7 的 A 相电压为 $V_a = 71\,609.49 \angle 17.21°\,V$,A 相电流为 $I_a = 665.89 \angle 27.22°\,A$,则流入线路 L1 的潮流 $P = 3V_a I_a \cos\varphi = 140.87\,MW$,$Q = 3V_a I_a \sin\varphi = -24.86\,Mvar$。

4. "思政"学习

(1)通过对复杂电力系统的建模仿真,培养自主学习意识,变"要我学"为"我要学"。

(2)通过学习在电力系统潮流仿真计算中,重点研究主要设备的功率与电压流向,也要考虑其他器件的工作状态,进而验证"矛盾的两点论和重点论",既要抓住事物发展的重点和主流,把握事物发展的根本,也要看到事物的整体,综合认识和解决问题。

四、实训报告

搭建【例 10-1】仿真模型,保存所搭建的框图,运行并记录稳态电压电流结果及仿真波形图,分析现象及原因。

五、思考题

总结电力系统计算机潮流算法的优点。

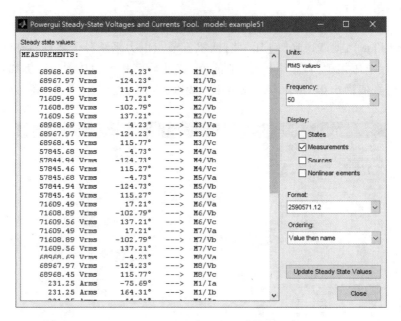

图 3-42　稳态电压电流计算结果

实训 11　无限大功率电源供电系统三相短路故障仿真

一、实训目的

1. 掌握无限大功率电源供电系统三相短路故障仿真方法及步骤。
2. 学会使用 Simulink 仿真分析电力系统三相短路的特点，并与理论依据相互对照。

二、实训内容

在发电厂、变电站以及整个电力系统的设计和运行工作中，都必须事先进行短路计算和仿真，以验证整体设计的可靠性与合理性。为此，掌握短路发生以后的物理过程以及短路过程的仿真计算方法是非常必要的。考虑三相短路故障是电力系统中危害最严重的故障，所以本节以无限大功率电源供电系统三相短路为例，介绍电力系统故障仿真分析。所谓无限大功率电源指的是当外电路发生短路故障时引起的功率变化量与电源的容量相比可以忽略不计，网络中的有功功率和无功功率均能保持平衡。所以无限大功率电源的频率和电压能保持恒定，电源内阻抗为零。

【例 11-1】　如图 3-43 所示，假设无限大功率电源供电系统在 0.02 s 时刻变压器母线发生三相短路故障，线路的电气参数为 $L = 200$ km、$X_1 = 0.4$（Ω/km）、$R_1 = 0.17$（Ω/km）；变压器额定容量 $S_N = 20$ MV·A、短路电压 $U_S\% = 10.5$、短路损耗 $\Delta P_S = 135$ kW、空载损耗 $\Delta P_0 = 22$ kW、空载电流 $I_0\% = 0.8$、变比 $K_T = 10/1$、高低压绕组为星形连接；并设供电点电压为 220 kV。仿真短路电流周期分量幅值与冲击电流大小。

图 3 – 43　无限大功率电源供电系统图

三、实训原理及过程

1. 系统各模块的选择

结合【例 11 – 1】已知条件,选用仿真模块名称及提取路径见表 3 – 3。如图 3 – 44 所示,选定系统中各元件模块,在 Simulink 模型窗口中搭建【例 11 – 1】系统仿真模型。

表 3 – 3　【例 11 – 1】各模块名称和提取途径

模块名称	提取途径
三相电源模块 Source	SimpowerSystems/Eletrical Sources
三相 RLC 并联负荷模块 Load1	SimpowerSystems/Elements
三相 RLC 串联支路模块 Line1	SimpowerSystems/Elements
三相双绕组变压器模块 T1	SimpowerSystems/Elements
三相故障模块 Fault1	SimpowerSystems/Elements
三相电压电流测量模块 V-I	SimpowerSystems/Measurements
示波器模块 Scope	Simulink/sinks
信号分离模块 Demux	Simulink/Signal Routing
电力图形用户界面 Powergui	SimpowerSystems

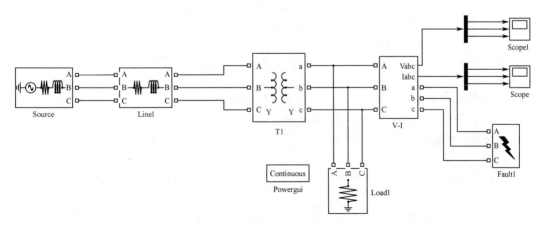

图 3 – 44　无限大功率电源供电系统三相短路故障仿真原理

2. 各模块参数的设置

（1）设置电源模块参数

如图 3 - 45 所示，在模型窗口中打开电源模块 Source 的参数对话框，额定电压设为 220 kV、初相设为 0°、频率设为 50 Hz，连接方式为 Yg。

图 3 - 45   电源模块 Source 参数对话框

（2）设置变压器模块参数

根据【例 11 - 1】已知条件，折算至 220 kV 侧，计算变压器参数如下：

变压器的电阻：$R_T = \dfrac{\Delta P_S U_N^2}{S_N^2} \times 10^3 = \dfrac{135 \times 220^2}{20\,000^2} \times 10^3 \ \Omega = 16.32 \ \Omega$；

变压器的电抗：$X_T = \dfrac{U_S\% \, U_N^2}{100 S_N} \times 10^3 = \dfrac{10.5 \times 220^2}{100 \times 20\,000} \times 10^3 \ \Omega = 254.12 \ \Omega$；

变压器的漏感：$L_T = \dfrac{X_T}{2\pi f} = \dfrac{254.12}{2 \times 3.14 \times 50} H = 0.808 \ H$；

变压器的励磁电阻：$R_m = \dfrac{\Delta U_N^2}{\Delta P_0} \times 10^3 = \dfrac{220^2}{22} \times 10^3 \ \Omega = 2.2 \times 10^6 \ \Omega$；

变压器的励磁电抗：$X_m = \dfrac{100 U_N^2}{I_0\% \, S_N} \times 10^3 = \dfrac{100 \times 220^2}{0.8 \times 20\,000} \times 10^3 \ \Omega = 302\,500 \ \Omega$；

变压器的励磁电感：$L_m = \dfrac{X_m}{2\pi f} = \dfrac{302\,500}{2 \times 3.14 \times 50} H = 963.2 \ H$。

如图 3 - 46 所示，按计算参数，设置变压器模块 T1 的参数。

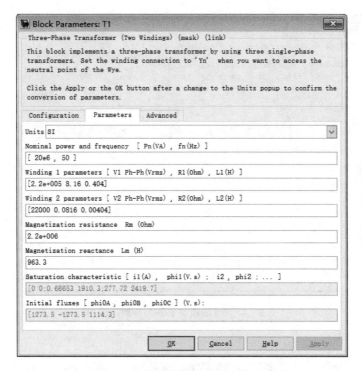

图 3 - 46　变压器模块 T1 参数对话框

（3）设置线路模块参数

根据【例 11 - 1】已知条件，计算线路参数如下：

输电线路的电阻：$R_L = R_1 \times L = 0.17 \times 200\ \Omega = 34\ \Omega$；

输电线路的电抗：$X_L = X_1 \times L = 0.4 \times 200\ \Omega = 80\ \Omega$；

输电线路的电感：$L_L = \dfrac{X_L}{2\pi f} = \dfrac{80}{2 \times 3.14 \times 50}\ \text{H} = 0.256\ \text{H}$。

如图 3 - 47 所示，按计算参数，设置线路模块 Line1 的参数。

（4）设置负荷模块参数

如图 3 - 48 所示，在模型窗口中打开负荷模块 Load1 的参数对话框，额定电压设为 22 kV、频率设为 50 Hz、有功功率设为 5 MW、无功功率设为零，连接方式设为星形内部接地。

（5）设置故障模块参数

如图 3 - 49 所示，在模型窗口中打开故障模块 Fault1 的参数对话框，设置故障类型为三相短路故障。短路点电阻设为 0.000 01 Ω，故障点不接地，时间为 0.02 s 时，线路发生故障，其他参数设为默认值。

3. 设置仿真参数

通过模型窗口中菜单［Simulink > Configuration Parameters］选项，打开仿真参数设置对话框，选择可变步长 Ode23t 算法，仿真开始时间设置为 0，结束时间设置为 0.2 s，其余的参数采用默认设置。

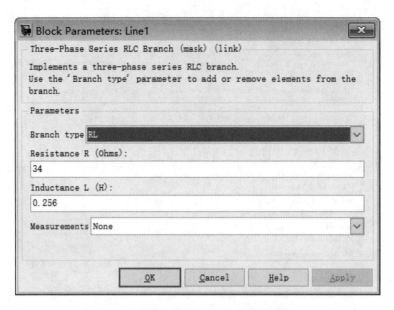

图 3 − 47　线路模块 Line1 参数对话框

图 3 − 48　负荷模块 Load1 参数对话框

4. 仿真结果

根据以上求得结论,可算出发生三相短路故障时,变压器低压母线短路电流周期分量幅值和冲击电流的值:

图 3 - 49　故障模块 Fault1 参数对话框

短路电流周期分量幅值：

$$I_{\mathrm{m}} = \frac{U_{\mathrm{m}} \cdot k_{\mathrm{T}}}{\sqrt{(R_{\mathrm{T}} + R_{\mathrm{L}})^2 + (X_{\mathrm{T}} + X_{\mathrm{L}})^2}} = \frac{220/\sqrt{3} \times \sqrt{2} \times 10}{\sqrt{(16.32 + 34)^2 + (254.12 + 80)^2}} \ \mathrm{kA} = 5.315 \ \mathrm{kA}$$

时间常数：

$$T_{\mathrm{a}} = (L_{\mathrm{T}} + L_{\mathrm{L}})/(R_{\mathrm{T}} + R_{\mathrm{L}}) = (0.808 + 0.256)/(16.32 + 34) \mathrm{s} = 0.021\ 1\ \mathrm{s}$$

短路冲击电流为

$$i_{\mathrm{m}} \approx (1 + \mathrm{e}^{-0.01/0.021\ 1})I_{\mathrm{m}} = 1.622\ 5\ I_{\mathrm{m}} = 8.65\ \mathrm{kA}$$

如图 3 - 50 所示，运行仿真结果可得到变压器低压侧的三相短路电流波形图，图中从上至下依次为 A、B、C 三相的电流波形。

如图 3 - 51 所示，运行仿真结果可得到变压器低压侧的三相短路电压波形图，图中从上至下依次为 A、B、C 三相的电压波形。

由图 3 - 50 和图 3 - 51 可知，在 0.02 s 前系统处于稳定状态，在发生故障时 A、B、C 三相的电压迅速减小，A、B、C 三相电流发生剧烈变化，A 相幅度变化最大，后来与 B、C 一起恢复同步。仿真得到短路电流周期分量的幅值为 5.336 5 kA，冲击电流为 8.658 5 kA。

四、实训报告

搭建【例 11 - 1】仿真模型，保存所搭建的框图，运行并记录仿真结果及仿真波形图，分析现象及原因。

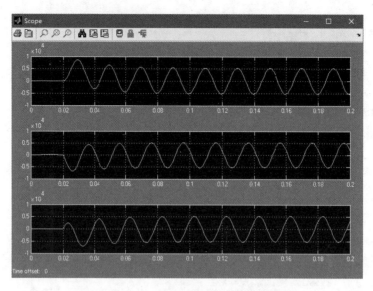

图 3 - 50　无限大电源三相短路电流波形图

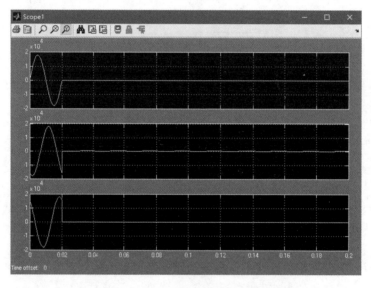

图 3 - 51　无限大电源三相短路电压波形图

五、思考题

仿真分析与理论计算得出的故障点短路冲击电流分别是多少,产生差别的原因是什么?

实训 12　无限大功率电源供电系统两相短路故障仿真

一、实训目的

1. 掌握无限大功率电源供电系统两相短路故障仿真方法及步骤。
2. 学会使用 Simulink 仿真分析电力系统两相短路的特点。

二、实训内容

两相短路故障发生时,两故障相电流增大、方向相反,非故障相电流为零;两故障相电压降低为相同值。试将【例 11 − 1】无限大功率电源供电系统故障类型改为两相短路故障,其他条件不变。仿真分析其三相电压电流变化。

三、实训原理及过程

1. 修改模块参数

如图 3 − 52 所示,将【例 11 − 1】系统模型中三相短路故障模块 Fault1 中的故障相设为 A、B 两相,其他参数不变。模块选取类型和剩余模块参数与【例 11 − 1】基本相同,这里不再赘述。

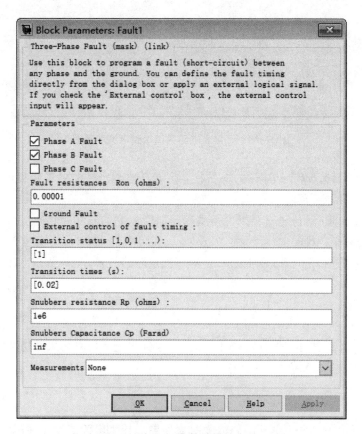

图 3 − 52　实训 12 短路故障模块参数对话框

2.设置仿真参数

通过模型窗口中菜单［Simulink > Configuration Parameters］选项,打开仿真参数设置对话框,选择可变步长 Ode23t 算法,仿真开始时间设置为 0,结束时间设置为 0.2 s,其余的参数采用默认设置。

3.仿真结果

如图 3－53 所示,运行仿真结果可得到变压器低压侧的三相短路电流波形图,图中从上至下依次为 A、B、C 三相的电流波形。

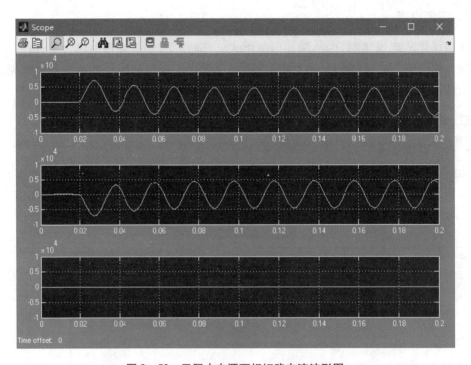

图 3－53 无限大电源两相短路电流波形图

由图 3－53 可知,0.02 s 前系统处于稳定状态,发生故障时 A、B 两相电流相加约等于零,C 相电流基本保持为零。

如图 3－54 所示,运行仿真结果可得到变压器低压侧的三相短路电压波形图,图中从上至下依次为 A、B、C 三相的电压波形。

由图 3－34 可知,在 0.02 s 时刻 A、B 两相发生短路故障,A、B 两相电压相等,C 相电压幅值保持不变。

四、实训报告

搭建实训 12 仿真模型,保存所搭建的框图,运行并记录仿真结果及仿真波形图,分析现象及原因。

五、思考题

如何仿真分析系统发生两相短路故障时变压器高压侧电流的变化情况?

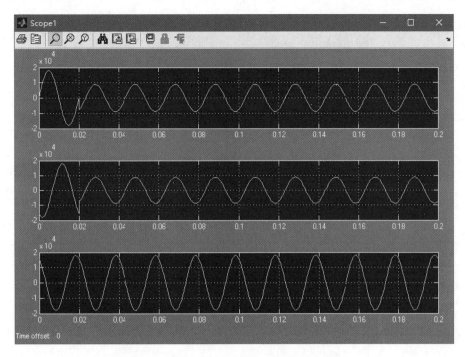

图 3 - 54　无限大电源两相短路电压波形图

实训 13　无限大功率电源供电系统两相短路接地故障仿真

一、实训目的

1. 掌握无限大功率电源供电系统两相短路接地故障仿真方法及步骤。
2. 学会使用 Simulink 仿真分析电力系统两相短路接地的特点。

二、实训内容

两相短路接地故障发生时,两故障相电压降低为零;非故障相电流为零。试将【例 11 - 1】无限大功率电源供电系统故障类型改为两相短路接地故障,其他条件不变。仿真分析其三相电压电流变化。

三、实训原理及过程

1. 修改模块参数

如图 3 - 55 所示,将【例 11 - 1】系统模型中三相短路故障模块 Fault1 中的故障相设为 B、C 两相,选中接地(Ground Fault),其他参数不变。模块选取类型和剩余模块参数与【例 11 - 1】基本相同,这里不再赘述。

2. 设置仿真参数

通过模型窗口中菜单[Simulink > Configuration Parameters]选项,打开仿真参数设置对话框,选择可变步长 Ode23t 算法,仿真开始时间设置为 0,结束时间设置为 0.2 s,其余的参数采用默认设置。

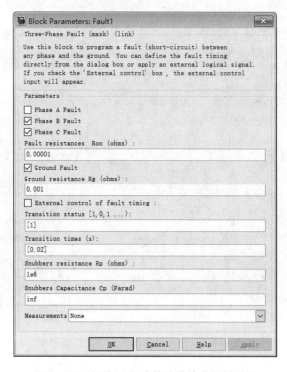

图 3 - 55　实训 13 短路故障模块参数对话框

3. 仿真结果

如图 3 - 56 所示,运行仿真结果可得到变压器低压侧的三相短路电流波形图,图中从上至下依次为 A、B、C 三相的电流波形。

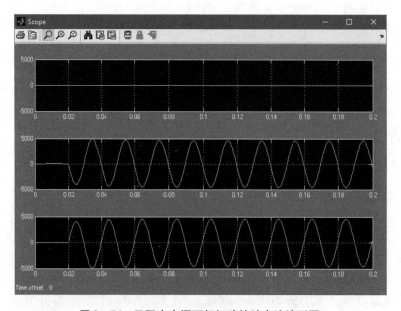

图 3 - 56　无限大电源两相短路接地电流波形图

如图 3 - 57 所示,运行仿真结果可得到变压器低压侧的三相短路电压波形图,图中从上至下依次为 A、B、C 三相的电压波形。

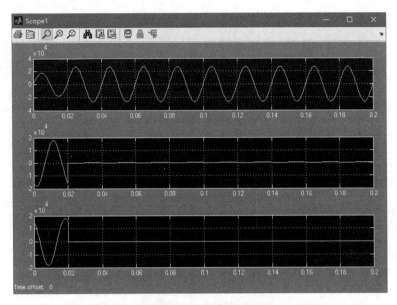

图 3 - 57　无限大电源两相短路接地电压波形图

由图 3 - 56 和图 3 - 57 可知,在发生故障前系统处于稳定状态,0. 02 s 时刻时发生故障 B、C 两相电流发生剧烈变化,A 相电流基本保持为零,B、C 两相的电压快速变为零,C 相电压立即出现幅度较大的抖动。

四、实训报告

搭建实训 13 仿真模型,保存所搭建的框图,运行并记录仿真结果及仿真波形图,分析现象及原因。

五、思考题

如何仿真分析系统发生两相短路接地故障时变压器高压侧电流的变化情况?

实训 14　无限大功率电源供电系统单相短路接地故障仿真

一、实训目的

1. 掌握无限大功率电源供电系统单相短路接地故障仿真方法及步骤。
2. 学会使用 Simulink 仿真分析电力系统单相短路接地的特点。

二、实训内容

单相短路接地故障发生时,故障相电压降低为零;非故障相电流为零。试将【例 11 - 1】无限大功率电源供电系统故障类型改为单相短路接地故障,其他条件不变。仿真分析其三相电压电流变化。

三、实训原理及过程

1. 修改模块参数

如图 3 – 58 所示，将【例 11 – 1】系统模型中三相短路故障模块 Fault1 中的故障相设为 A 相，选中接地（Ground Fault）；故障投入时刻为 0.02 s、切除时刻为 0.1 s，其他参数不变。模块选取类型和剩余模块参数与【例 11 – 1】基本相同，这里不再赘述。

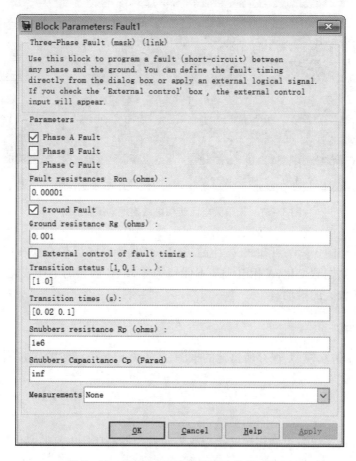

图 3 – 58　实训 14 短路故障模块参数对话框

2. 设置仿真参数

通过模型窗口中菜单 [Simulink > Configuration Parameters] 选项，打开仿真参数设置对话框，选择可变步长 Ode23t 算法，仿真开始时间设置为 0，结束时间设置为 0.2 s，其余的参数采用默认设置。

3. 仿真结果

如图 3 – 59 所示，运行仿真结果可得到变压器低压侧的三相短路电流波形图。

如图 3 – 60 所示，运行仿真结果可得到变压器低压侧的三相短路电压波形图。

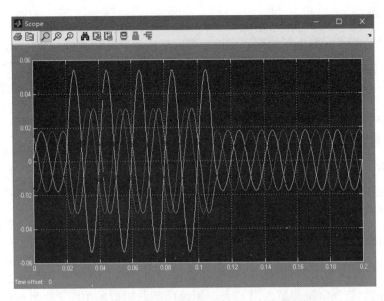

图 3 - 59　无限大电源单相短路接地电流波形图

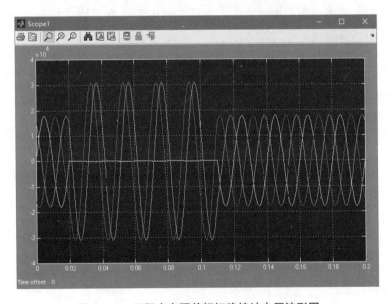

图 3 - 60　无限大电源单相短路接地电压波形图

由图 3 - 59 和图 3 - 60 可知,在 0.02 s 时刻前系统处于稳定状态,发生故障时,A 相电流发生剧烈变化,B、C 两相电流发生相对较小的浮动,A 相的电压快速变为零,B、C 相出现幅度很大的抖动。在故障切除之后,三相电流全部减小,A 相电压升高,B、C 两相电压降低,系统恢复故障前的状态,保持稳态。

四、实训报告

搭建实训 14 仿真模型,保存所搭建的框图,运行并记录仿真结果及仿真波形图,分析现象及原因。

五、思考题

如何仿真分析系统发生单相短路接地故障时变压器高压侧电流的变化情况？

实训 15 有限功率电源供电系统三相短路故障仿真

一、实训目的

1. 掌握有限功率电源供电系统三相短路故障仿真方法及步骤。

2. 学会使用 Simulink 仿真分析电力系统三相短路的特点，并与无限大功率电源供电系统发生三相短路故障情况进行对比分析。

二、实训内容

上文所述的无限大功率电源是一个相对概念，真正的无限大功率电源在实际的电力系统中并不存在，而且当电源等值内阻抗大于短路回路总阻抗的 10% 时，则不可以认为该电源为无限大功率电源；或电源至短路点电抗以额定容量作为基准容量的标幺值小于 3 时，也不可以看作无限大功率电源。所以本节以有限功率电源供电系统三相短路为例，重新分析电力系统故障的仿真过程。

【例 15 - 1】 如图 3 - 61 所示，该系统在 0.02 s 时刻，变压器母线发生三相短路故障，发电机 G1 额定功率为 50 MV·A，额定电压为 220 kV；线路长 100 km，其电气参数为 $x = 0.8\ \Omega/km$；变压器额定容量 $S_N = 20\ MV·A$，短路电压 $U_K\% = 10.5$，变比 $K_T = 10/1$，高低压绕组为星形连接。仿真短路电流周期分量幅值与冲击电流大小。

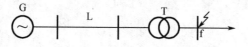

图 3 - 61 有限功率电源供电系统图

三、实训原理及过程

1. 系统模块的选择

结合【例 15 - 1】已知条件，选用仿真模块名称及提取路径见表 3 - 4。如图 3 - 62 所示，选定系统中各元件模块，在 Simulink 模型窗口中搭建【例 15 - 1】系统仿真模型。

表 3 - 4 【例 15 - 1】各模块名称和提取途径

模块名称	提取途径
三相电源模块 G1	SimpowerSystems/Eletrical Sources
三相 RLC 并联负荷模块 Load1	SimpowerSystems/Elements
三相 RLC 串联支路模块 Line1	SimpowerSystems/Elements

表 3 − 4(续)

模块名称	提取途径
三相双绕组变压器模块 T1	SimpowerSystems/Elements
三相故障模块 Fault1	SimpowerSystems/Elements
三相电压电流测量模块 V-I	SimpowerSystems/Measurements
示波器模块 Scope	Simulink/sinks
信号分离模块 Demux	Simulink/Signal Routing
电力图形用户界面 Powergui	SimpowerSystems

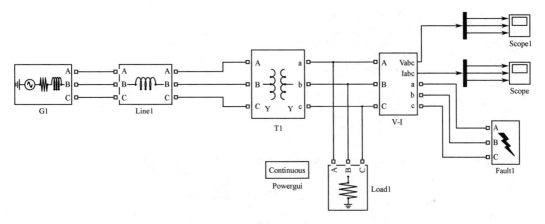

图 3 − 62 有限功率电源供电系统三相短路故障仿真原理

2. 各模块参数的计算与设置

（1）设置电源模块参数

如图 3 − 63 所示,在模型窗口中打开电源模块 G1 的参数对话框,额定电压设为 220 kV、初相设为 0°、频率设为 50 Hz,连接方式为 Yg;选中根据短路容量确定阻抗选项,设置短路功率为 50 MV・A、基准电压为 220 kV。

（2）设置变压器模块参数

根据【例 15 − 1】已知条件,基准功率取 $S_B = 100$ MV・A,基准电压取 $U_B = 220$ kV。计算变压器参数如下:

基准电流:$I_B = \dfrac{S_B}{\sqrt{3}\,U_B} = \dfrac{100}{\sqrt{3} \times 220}$ kA $= 0.262$ kA。

基准电抗:$X_B = \dfrac{U_B}{\sqrt{3}\,I_B} = \dfrac{U_B^2}{S_B} = \dfrac{220^2}{100}$ Ω $= 484$ Ω。

变压器电抗标幺值:

$$X_T^* = \dfrac{X_T}{X_B} = \dfrac{U_k\% U_N^2}{100 S_N} \bigg/ \dfrac{U_B^2}{S_B} = \dfrac{U_k\% S_B}{100 S_N} = \dfrac{10.5 \times 100}{100 \times 20} = 0.052\,5。$$

如图 3 − 64 所示,在模型窗口中打开变压器模块 T1 的参数对话框,因其变比为 10∶1,设置变压器模块高压侧额定电压为 220 kV,低压侧额定电压为 22 kV;额定容量设置为

100 MV·A;故将变压器 T1 的漏电阻设置为 0.000 3;其励磁电阻、电抗均设置为 5 000;漏电抗设为 0.052 5。

图 3 - 63　电源模块 G1 参数对话框

图 3 - 64　变压器模块 T1 参数对话框

（3）设置线路模块参数

根据【例15-1】已知条件，计算线路参数如下：

线路电抗标幺值：$X_1^* = \dfrac{X_1}{X_B} = xl/S_B = xl\dfrac{S_B}{U_B^2} = \dfrac{80 \times 100}{220^2} = 0.165$。

输电线路的电抗：$X_L = X_1 \times l = 0.8 \times 100\ \Omega = 80\ \Omega$。

输电线路的电感：$L_L = X_L/2\pi f = \dfrac{80}{2 \times 3.14 \times 50}\text{H} = 0.256\ \text{H}$。

如图3-65所示，按计算参数，设置线路模块Line1的参数。

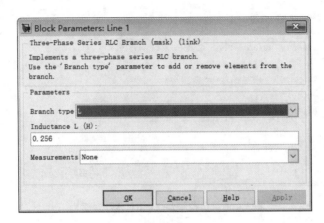

图3-65　线路模块Line1参数对话框

（4）设置负荷模块参数

如图3-66所示，在模型窗口中打开负荷模块Load1的参数对话框，额定电压设为22 kV、频率设为50 Hz，有功功率设为5 MW、无功功率设为零，连接方式设为星形内部接地。

（5）设置故障模块参数

如图3-67所示，在模型窗口中打开故障模块Fault1的参数对话框，设置故障类型为三相短路故障。短路点电阻设为0.000 01 Ω，故障点不接地；时间为0.02 s时，线路发生故障，时间为0.1 s时，线路解除故障，其他参数设为默认值。

3. 仿真参数的设置

通过模型窗口中菜单［Simulink > Configuration Parameters］选项，打开仿真参数设置对话框，选择可变步长 Ode23t 算法，仿真开始时间设置为0，结束时间设置为0.2 s，其余的参数采用默认设置。

为了比较仿真精度，将电流示波器模块（Scope）的仅显示最新数据复选框（Limit data points to last）取消选中，这样可以观察到整个仿真过程中的所有数据；并选中将数据保存到工作空间（Save data points to workspace）选项，将变量名指定为 ScopeData，格式为时间变量（Structure with time）。

4. 仿真结果分析

根据以上求得结论，可算出发生三相短路故障时，变压器低压母线短路电流周期分量幅值和冲击电流值。

图 3 – 66　负荷模块 Load1 参数对话框

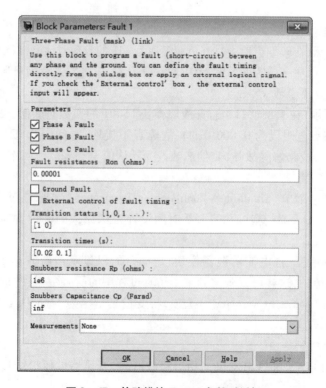

图 3 – 67　故障模块 Fault1 参数对话框

发电机电抗标幺值：

$$X_G^* = \frac{X_S}{X_B} = \frac{U_G^2}{S_G} / \frac{U_B^2}{S_B} = \frac{S_B}{S_G} = \frac{100}{50} = 2。$$

短路电流周期分量有效值的标幺值：

$$I_k^{(3)} = = \frac{1}{X_\Sigma^*} = \frac{1}{X_G^* + X_1^* + X_T^*} = \frac{1}{2 + 0.052\,5 + 0.165} = 0.451$$

短路电流周期分量幅值：

$$I_m = \sqrt{2}\,I'' = \sqrt{2}\,I_k^{(3)} I_B K_T = \sqrt{2} \times 0.451 \times 0.262 \times 10 \text{ kA} = 1.67 \text{ kA}$$

短路冲击电流：

$$i_m = K_M I_m = 1.7 \times 1.67 \text{ kA} = 2.84 \text{ kA}$$

如图 3 – 68 所示，运行仿真结果可得到变压器低压侧的三相短路电流波形图。如图 3 – 69 所示，运行仿真结果可得到变压器低压侧的三相短路电压波形图，图中从上至下依次为 A、B、C 三相的电压波形。

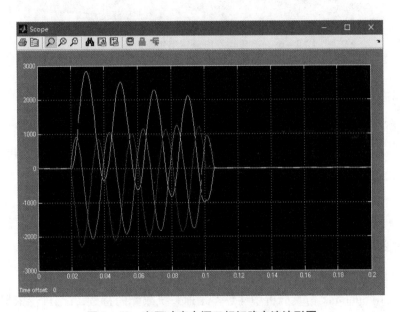

图 3 – 68　有限功率电源三相短路电流波形图

由图 3 – 68 和图 3 – 69 可知，在 0.02 s 前系统处于稳定状态，在发生故障时 A、B、C 三相的电压迅速减小，A、B、C 三相电流发生剧烈变化，A 相幅度变化最大，后来与 B、C 恢复同步。通过在 MATLAB 命令窗口输入"ScopeData. signals. values(: ,1)"命令显示 A 相电流值，得到短路电流周期分量的幅值为 1.667 kA，冲击电流为 2.840 9 kA，与理论计算略有差别，这是因为电源模块的内阻设置不同而造成。

四、实训报告

搭建【例 15 – 1】仿真模型，保存所搭建的框图，运行并记录仿真结果及仿真波形图，分析现象及原因。

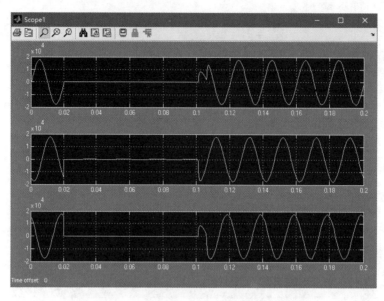

图 3 – 69　有限功率电源三相短路电压波形图

五、思考题

仿真分析系统三相短路故障时短路电流周期分量幅值和冲击电流值,并与无限大功率电源供电系统进行对比分析。

实训 16　中性点不接地系统故障仿真

一、实训目的

1. 掌握中性点不接地系统故障仿真方法及步骤。
2. 学会使用 Simulink 仿真分析中性点不接地系统故障的特点,并与理论依据相互对照。

二、实训内容

电力系统中性点接地方式按照短路时对地电流的大小,可分为中性点直接接地和小电流接地两种方式。我国规定 110 kV 及以上电压等级的系统采用中性点直接接地方式,35 kV 及以下的配电系统采用小电流接地方式,具体包括中性点不接地或经消弧线圈接地。在小电流接地系统中常发生单相短路故障,由于故障点的电流很小,而且三相之间的线电压仍然保持对称,因此可以短时不予切除。这也是小电流接地系统的主要优点之一。但在发生单相短路故障以后,接地相对地电压将降低,非接地相对地电压将升高至线电压,但为了防止故障进一步扩大,应及时采取措施予以消除。因此,本节以中性点不接地系统为例,搭建其发生单相短路接地故障时的仿真模型。

【例 16 – 1】　如图 3 – 70 所示,某 10 kV 中性点不接地系统在 0.04 s 时发生单相短路接地故障。该系统中,三相电源额定电压为 10.5 kV,接线方式为 Y 形连接;共有 4 段 10 kV

输电线路,分别为 $L_1 = 120 \text{ km}$、$L_2 = 180 \text{ km}$、$L_3 = 1 \text{ km}$ 和 $L_4 = 150 \text{ km}$,特别注意,本例为使故障现象更加明显,增加了输送距离,但不影响仿真验证的准确性;共有4处负荷,其有功功率分别为 1 MW、1.5 MW、2 MW 和 5 MW,其无功功率分别为 0.4 Mvar、0.3 Mvar、0.6 Mvar 和 0 Mvar。试用离散算法建立该系统的仿真模型。

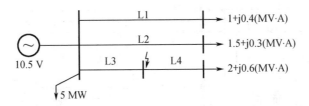

图3-70 10 kV 中性点不接地系统图

三、实训原理及过程

1.系统各模块的选择

结合【例16-1】已知条件,选用仿真模块名称及提取路径见表3-5。如图3-71所示,选定系统中各元件模块,在 Simulink 模型窗口中搭建【例16-1】系统仿真模型。

表3-5 【例16-1】各模块名称和提取途径

模块名称	提取途径
无限大功率电源模块 Source	SimpowerSystems/Eletrical Sources
三相 RLC 串联负荷模块 Load1,2,3,4	SimpowerSystems/Elements
三相 PI 型等效电路模块 Line1,2,3,4	SimpowerSystems/Elements
三相故障模块 Fault1	SimpowerSystems/Elements
三相电压电流测量模块 V-I	SimpowerSystems/Measurements
电力图形用户界面 Powergui	SimpowerSystems
示波器模块 Scope	Simulink/sinks
信号分离模块 Demux	Simulink/Signal Routing
万用表模块 Multimeter	SimpowerSystems/Measurements
加法模块 Add	Simulink/Math Operations
信号提取模块 From	Simulink/Signal Routing

2.各模块参数的设置

(1)设置电源模块参数

如图3-72所示,在模型窗口中打开电源模块 Source 的参数对话框,额定电压设为 10.5 kV、初相设为 0°、频率设为 50 Hz,连接方式为 Y。

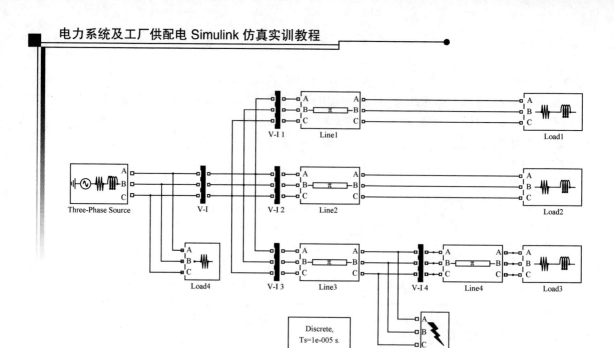

图 3 -71   中性点不接地系统故障仿真原理

图 3 -72   【例 16 -1】电源模块 Source 参数对话框

（2）设置线路模块参数

在 PI 型等效电路模块参数对话框中，设置系统中 4 段输电线路 Line1 ~ Line4 的长度分别 120 km、180 km、1 km 和 150 km，额定频率为 50 Hz；其他为默认值。如图 3 - 73 所示，以线路 Line1 为例，设置模块参数。

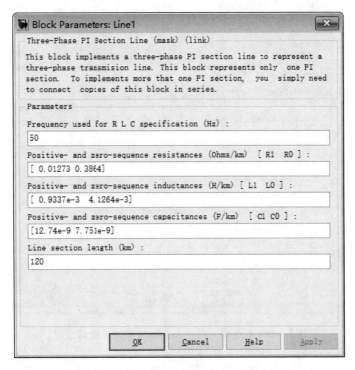

图 3 - 73　【例 16 - 1】线路模块 Line1 参数对话框

（3）设置负荷模块参数

在三相 RLC 串联负荷模块参数对话框中，设置系统中 4 处负荷 Load1 ~ Load4 的有功功率分别 1 MW、1.5 MW、2 MW 和 5 MW，其无功功率分别为 0.4 Mvar、0.3 Mvar、0.6 Mvar 和 0 Mvar；额定频率为 50 Hz；连接方式为 Y（floating）。如图 3 - 74 所示，以负荷 Load1 为例，设置模块参数。

（4）设置故障模块参数

如图 3 - 75 所示，选择在 Line3 与 Line4 之间发生 A 相金属性单相接地故障，设置故障类型为单相短路接地故障。短路电阻设为 0.000 1 Ω，故障点接地，大地电阻设为 0.001 Ω；时间为 0.04 s 时，线路发生故障，其他参数设为默认值。

（5）设置三相电压电流测量模块参数

在三相电压电流测量模块参数对话框中，将测量得到的电压、电流信号转变成 Simulink 标准信号，便于使用信号提取模块测量线路始端电压、电流值。如图 3 - 76 所示，以 V-I 1 为例，设置模块参数。

（6）提取各线路始端零序电流和故障点电流

为了得到各段线路的零序电流，将其与万用表模块测量的故障点接地电流进行对比分析，搭建如图 3 - 77 所示仿真模型，设计原理如下：

图 3 – 74 【例 16 – 1】负荷 Load1 模块参数对话框

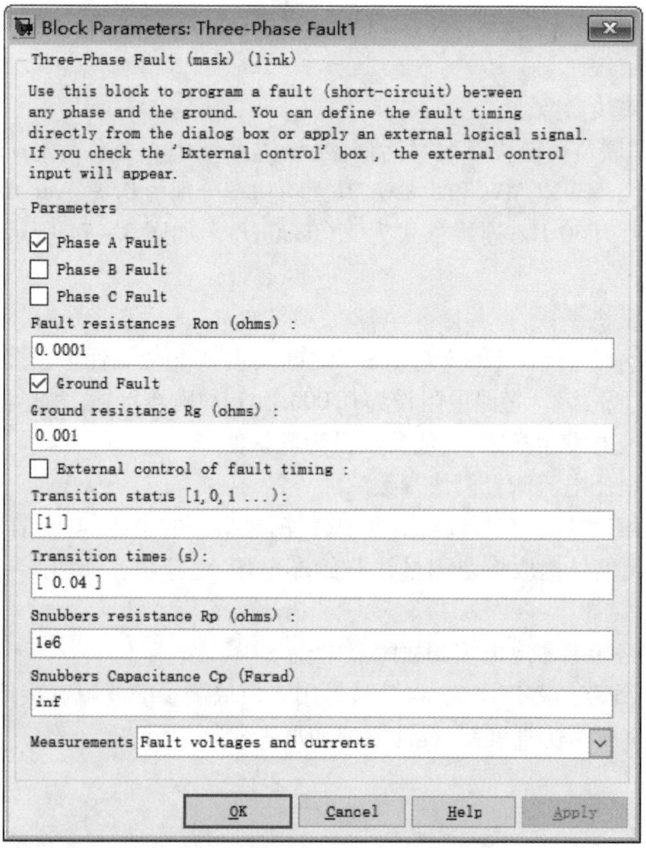

图 3 – 75 【例 16 – 1】故障模块 Fault1 参数对话框

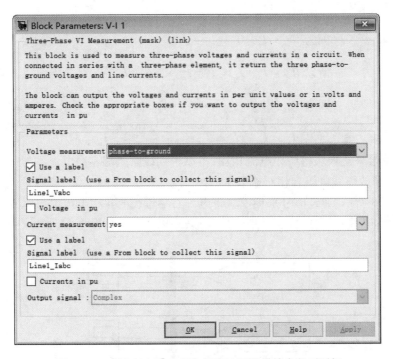

图 3 - 76　【例 16 - 1】三相电压电流测量模块参数对话框

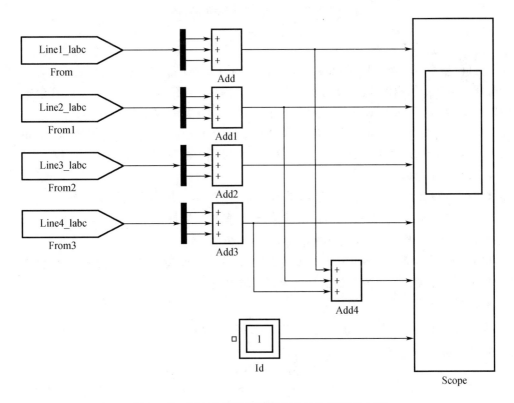

图 3 - 77　提取各线路始端零序电流和故障点电流

因为 $\dot{I}_{\text{b}} = \dot{I}_{\text{c}} = 0$

所以 $\dot{I}_{\text{a}} + \dot{I}_{\text{b}} + \dot{I}_{\text{c}} = \dot{I}_{\text{a}} = \dot{I}_{\text{a1}} + \dot{I}_{\text{a2}} + \dot{I}_{\text{a0}}$

因为 $\dot{I}_{\text{a1}} = \dot{I}_{\text{a2}} = \dot{I}_{\text{a0}}$

所以 $\dot{I}_{\text{a}} + \dot{I}_{\text{b}} + \dot{I}_{\text{c}} = \dot{I}_{\text{a1}} + \dot{I}_{\text{a2}} + \dot{I}_{\text{a0}} = 3\dot{I}_{\text{a0}} = 3I_0$

故通过信号采集模块将各相电流相加,可以得到线路始端零序电流。

(7)提取非故障线电压和相对地电压

如图 3 - 78 所示,通过信号采集模块将电源右端母线的各相电压值与示波器模块相连,可以得到各相非故障线电压和相对地电压波形,用以分析故障发生前后电压的变化。

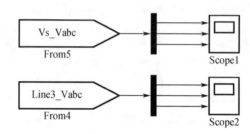

图 3 - 78 提取非故障线电压和相对地电压

3. 仿真参数的设置

通过模型窗口中菜单[Simulink > Configuration Parameters]选项,打开仿真参数设置对话框,选择可变步长离散算法,仿真开始时间设置为 0,结束时间设置为 0.2 s,其余的参数采用默认设置;并利用 Powergui 模块设置采样时间为 1×10^{-5} s。

为了比较仿真精度,将电流示波器模块(Scope)的仅显示最新数据复选框(Limit data points to last)取消选中,这样可以观察到整个仿真过程中的所有数据。

4. 仿真结果分析

如图 3 - 79 所示,运行仿真结果可得到系统三相对地电压和线电压波形图。

从图中可以观察到,系统在 0.04 s 时刻发生 A 相金属性单相短路接地后,A 相对地电压变为零,B、C 相对地电压升高至 $\sqrt{3}$ 倍,但线电压仍然保持三相对称。

根据【例 16 - 1】已知条件和模型参数设置,可求得系统发生 A 相金属性单相短路接地故障时各线路始端零序电流有效值和接地点电流有效值。

各线路始端零序电流有效值:

$$3I_{0\text{I}} = 3U_{\varphi}C_{0\text{I}} = 3 \times (10.5/\sqrt{3}) \times 10^3 \times 314 \times 7.751 \times 10^{-9} \times 120 \text{ A} = 5.31 \text{ A}$$

同理可得:

$$3I_{0\text{II}} = 7.97 \text{ A}$$

$$3I_{0\text{IV}} = 6.68 \text{ A}$$

$$3I_{0\text{III}} = 3I_{0\text{I}} + 3I_{0\text{II}} = (5.31 + 7.97) \text{ A} = 13.28 \text{ A}$$

接地点电流有效值:

$$I_{\text{D}} = I_{0\text{I}} + I_{0\text{II}} + I_{0\text{IV}} = (5.31 + 7.97 + 6.68) \text{ A} = 19.96 \text{ A}$$

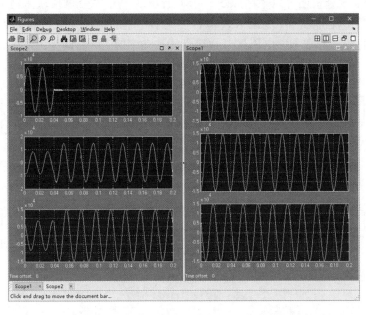

图3-79 系统三相对地电压和线电压波形图

如图3-80所示,运行仿真结果可得到各线路始端零序电流$3\dot{I}_0$、故障点接地电流$\dot{I}_d$波形图。从图中得到各线路零序电流$3I_{0\mathrm{I}} = 5.38$ A,$3I_{0\mathrm{II}} = 8.16$ A,$3I_{0\mathrm{III}} = 13.61$ A,$3I_{0\mathrm{IV}} = 6.78$ A,$I_d = 20.43$ A。与理论值相比,仿真结果误差不大。

从图3-80中可知,在中性点不接地方式下,故障线路的零序电流和非故障线路的零序电流相位相差180°,故障线路零序电流为系统所有非故障元件对地电容电流的总和。

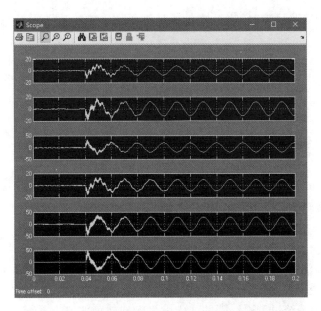

图3-80 各线路始端零序电流与故障点接地电流波形图

故障后的零序分量还可以采用如图 3 – 81 所示的三相序分量模块来测量,从中可以发现故障线路零序电流滞后零序电压 90°(电容性无功功率的实际方向为由线路流向母线);非故障线路的零序电流超前零序电压 90°(电容性无功功率的实际方向为由母线流向线路)。

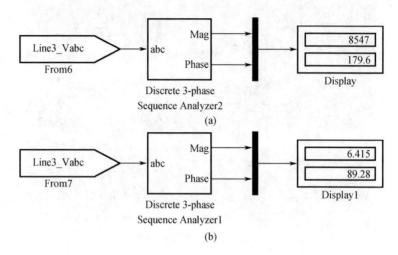

图 3 – 81   三相序分量模块获取零序电流和零序电压

四、实训报告

搭建【例 16 – 1】仿真模型,保存所搭建的框图,运行并记录仿真结果及仿真波形图,分析现象及原因。

五、思考题

系统发生单相短路故障时,该系统负荷是否受到影响? 若受到影响,请分析产生影响的原因。

实训 17   中性点经消弧线圈接地系统故障仿真

一、实训目的

1. 掌握中性点经消弧线圈接地系统故障仿真方法及步骤。

2. 学会使用 Simulink 仿真分析中性点经消弧线圈接地系统的特点,并与中性点不接地系统发生单相短路故障时的情况进行对比分析。

二、实训内容

对于中性点经消弧线圈接地系统,在正常情况下,接于中性点与大地之间的消弧线圈无电流流过,消弧线圈不起作用;当接地故障发生后中性点将出现零序电压,在这个电压的作用下,将有感性电流流过消弧线圈并注入发生接地故障的电力系统从而抵消在接地点流过的电容性接地电流,消除或者减轻接地电弧电流的危害。虽然经消弧线圈补偿后,接地点将只有很小的容性电流流过,但接地故障依然存在,接地相对地电压降低,非接地相对地电压依然很高,为了防止故障进一步扩大,应及时采取措施予以消除。

请在【例 16 - 1】系统的基础上,根据已知条件,建立中性点经消弧线圈接地系统仿真模型,分析各线路始端零序电流与故障点接地电流变化。

三、实训原理及过程

1. 修改仿真模型

如图 3 - 82 所示,在【例 16 - 1】仿真模型的基础上,电源中性点接入一个电感线圈,其他参数不变。这样当发生单相短路接地故障时,在接地点就存在感性电流,该感性电流和线路容性电弧电流相互抵消,可以有效减小流经故障点的电流大小,因此称此线圈为消弧线圈。

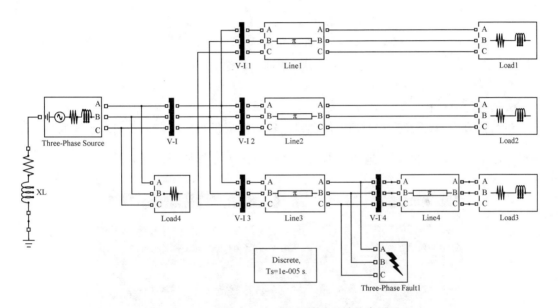

图 3 - 82　中性点经消弧线圈接地系统仿真原理

2. 修改模块参数

若使接地点的电流近似为零,应满足 $\omega L = 1/3\omega C_\Sigma$ 的条件,其中 L 为消弧线圈的电感;C_Σ 为系统三相对地电容和。根据【例 16 - 1】设置线路参数,可知 $C_\Sigma = 3.496 \times 10^{-6}$ F,因此要实现完全补偿,应有 $L = 0.966\ 1$ H。

为防止全补偿发生串联谐振等问题,实际工程常采用过补偿方式,当取过补偿度为 15% 时,消弧线圈的电感 $L = 0.84$ H。因此选取单相 RLC 串联支路模块模拟消弧线圈。如图 3 - 83 所示,在该模块参数对话框中设置电感为 0.84 H,为降低中性点偏移电压、限制过电压幅值,设置电阻为 20 Ω。

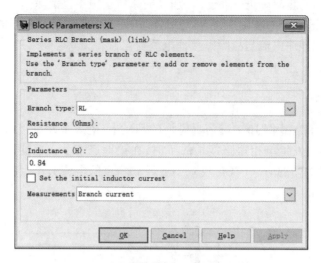

图 3 - 83　消弧线圈 X_L 参数对话框

3. 仿真结果分析

运行仿真模型,系统三相对地电压和线电压的波形仍与图 3 - 79 相同。系统的各线路始端零序电流 $3\dot{I}_0$、故障点接地电流 I_d、消弧线圈电流 $\dot{I}_L$ 波形如图 3 - 84 所示。

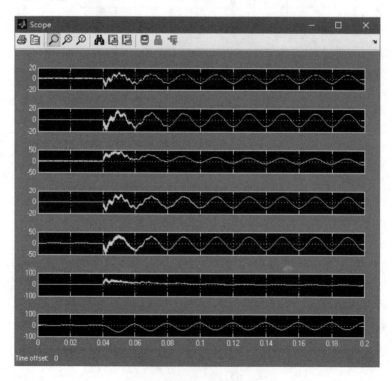

图 3 - 84　各处电流波形图

从图 3 - 84 中可知,当单相短路接地故障的暂态过程结束后,故障点的接地电流 I_D 大大减小,稳定在 2 A 左右,故过补偿有效。但另一方面,由于消弧线圈的补偿作用,故障点电流变低,有可能会造成线路故障点无法识别的现象。

四、实训报告

搭建实训 17 仿真模型,保存所搭建的框图,运行并记录仿真结果及仿真波形图,分析现象及原因。

五、思考题

1. 系统仿真模型中消弧线圈的参数如何配置,阻尼电阻的作用是什么?
2. 试仿真分析中性点经消弧线圈接地系统的优缺点。

实训 18　给定电力系统的故障仿真分析

一、实训目的

1. 熟悉电力系统故障仿真建模原理与参数设置要点。
2. 掌握电力系统故障仿真分析方法及步骤。
3. 培养自身安全意识,认识生产安全的重要性。

二、实训内容

在电力系统故障中,大多数是输电线路的故障。因此,如何提升输电线路工作的可靠性,就成为电力系统中的重要任务之一,而根据电网运行经验表明,架空线路故障大多是瞬时发生的。例如,由雷电引起的绝缘子表面闪络、大风引起的碰线、鸟类及树枝等物体落在导线上引起的短路等。在线路被继电保护迅速断开以后,电弧即行熄灭,故障点的绝缘强度重新恢复,此时,如果把断开的线路断路器再闭合,输电线路就能恢复正常工作,由于输电线路的部分故障具有瞬时性,因此在线路被断开以后,再次进行合闸操作就有可能大大提高供电的可靠性。

虽然运行人员手动合闸也能够实现上述作用,但由于合闸时间过长,可能导致电动机等负荷已经停止工作,因此效果不够明显。为此在电力系统中采用了自动重合闸设备,即当断路器跳闸之后,能够自动地将断路器重新合闸的装置。在线路上装设重合闸设备以后,由于它并不能够判断是瞬时性故障还是永久性故障,重合闸可能成功也可能不成功。用重合成功的次数与总动作次数之比来表示重合闸的成功率,根据电网运行资料的统计,成功率一般在 60% ~ 90%,因此在电力系统中采用自动重合闸设备十分必要。因此,本节通过对给定电力系统实例进行仿真分析,从而说明电力系统自动重合闸的优越性。

【例 18 - 1】　如图 3 - 85 所示为某双电源供电的电力系统网络结构,该系统电压等级为 220 kV,左侧为 500 MV·A 发电机,右侧为无穷大电网。当在 k 点发生故障时,断路器 QF1 和 QF2 将跳闸切断故障线路以保证非故障线路的正常运行。请建立仿真模型,观察重合闸过程中故障相电流的恢复情况。

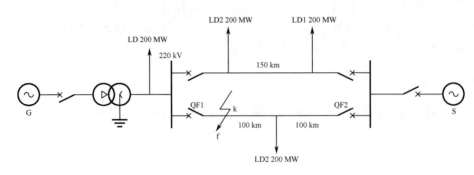

图 3 - 85 【例 18 - 1】电力系统网络结构

三、实训原理及过程

1. 电力系统模块的选择

结合【例 18 - 1】已知条件,选用仿真模块名称及提取路径见表 3 - 6。如图 3 - 86 所示,选定系统中各元件模块,在 Simulink 模型窗口中搭建【例 18 - 1】系统仿真模型。

表 3 - 6 【例 18 - 1】各模块名称和提取途径

模块名称	提取途径
三相电源模块 S1	SimpowerSystems/Eletrical Sources
标幺制简化同步电机模块 G1	SimpowerSystems/Machines
三相 RLC 串联负荷模块 Load1,2,3,4	SimpowerSystems/Elements
分布参数等效电路模块 Line1,2,3	SimpowerSystems/Elements
三相双绕组变压器模块 T1	SimpowerSystems/Elements
三相断路器模块 QF1,2	SimpowerSystems/Elements
三相电压电流测量模块 V - I	SimpowerSystems/Measurements
示波器模块 Scope	Simulink/sinks
信号分离模块 Demux	Simulink/Signal Routing
电力图形用户界面 Powergui	SimpowerSystems

2. 各模块参数的设置

(1) 设置发电机模块参数

如图 3 - 87 所示,设置发电机模块连接类型为星形三线制连接;额定功率设为 500 MV·A,额定电压设为 10 kV,额定频率设为 50 Hz;机械参数设为 [inf,0,2];其他参数为默认值,初始条件参数(Initial conditions)可在运行 Powergui 模块时自动获取,其他参数采用默认设置。

(2) 设置变压器模块参数

如图 3 - 88 所示,在模型窗口中打开变压器模块 T1 的参数对话框,设置连接方式为 Δ - Yg;设置额定容量为 500 MV·A,额定频率为 50 Hz;因其变比为 10/220,所以设置变压器模块低压侧额定电压为 10 kV,高压侧额定电压为 220 kV。因已知条件并未给出变压器漏阻抗和励磁阻抗参数,考虑等效理想变压器,故将一、二次侧漏阻抗值设置很小,励磁阻抗设为 inf。

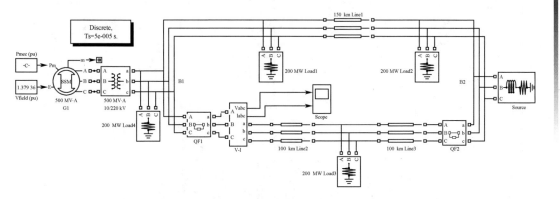

图 3 – 86　给定电力系统的故障仿真分析原理

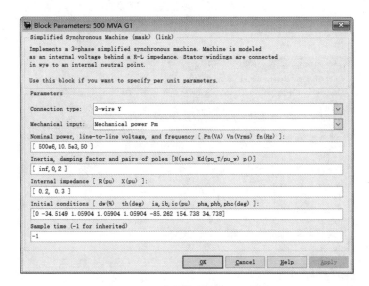

图 3 – 87　发电机模块参数对话框

（3）设置线路模块参数

在分布参数等效电路模块参数对话框中,设置系统中 3 段输电线路 Line1 ~ Line3 的长度分别为 150 km、100 km 和 100 km,相数为 3,额定频率为 50 Hz;其他为默认值。如图 3 – 89 所示,以线路 Line1 为例,设置模块参数。

（4）设置电源模块参数

如图 3 – 90 所示,在模型窗口中打开电源模块 Source 的参数对话框,额定电压设为 220 kV、初相设为 0°、频率设为 50 Hz,连接方式为 Yg;为模拟无限大电源,选中根据短路容量确定阻抗选项,设置短路容量为 20 000 MV·A、基准电压为 220 kV,电感电压之比设为 10。

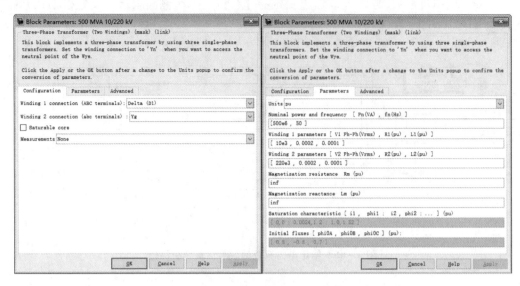

图 3 – 88　变压器模块参数对话框

图 3 – 89　线路模块参数对话框

（5）设置负荷模块参数

在三相 RLC 串联负荷模块参数对话框中，设置系统中 4 处负荷 Load1 ~ Load4 的有功功率均为 200 MW，其无功功率分别为 180 Mvar、180 Mvar、180 Mvar 和 0 Mvar；额定频率为 50 Hz；连接方式为 Y（grounded）。如图 3 – 91 所示，以负荷 Load1 为例，设置模块参数。

图 3 - 90　电源模块参数对话框

图 3 - 91　负荷模块参数对话框

（6）设置断路器模块参数

如图 3 - 92 所示,在断路器模块参数设置时,将断路器 QF1 的初始状态设为闭合,故障相选为 A 相;断路器电阻设为 0.001 Ω,设为纯阻性缓冲电路,缓冲电阻设为 1×10^5 Ω;断路器的转换时间设置为[0.05 0.09],即系统在 0.05 s 时发生瞬时性单相短路故障,断路器断开,0.09 s 时断路器重合,模拟临时故障解除后线路进行重合闸。断路器 QF2 取消动作。

图 3 - 92 断路器模块参数对话框

（7）设置三相电压电流测量模块参数

如图 3 - 93 所示,在三相电压电流测量模块参数对话框中,将测量得到的电压、电流信号转为标幺值,便于分析发生故障时三相电压电流的变化。

3. 仿真参数的设置

通过模型窗口中菜单[Simulink > Configuration Parameters]选项,打开仿真参数设置对话框,选择定变步长离散算法,步长为 5×10^{-5} s;仿真开始时间设置为 0,结束时间设置为 0.4 s,其余的参数采用默认设置;并利用 Powergui 模块设置采样时间为 5×10^{-5} s。

为了比较仿真精度,将电流示波器模块(Scope)的仅显示最新数据复选框(Limit data points to last)取消选中,这样可以观察到整个仿真过程中的所有数据。

4. 线路单相自动重合闸仿真分析

如图 3 - 94 所示,线路发生单相短路接地故障时,母线端的电压和电流波形发生剧烈变化,系统在 0.05 s 时 A 相发生故障,断路器断开,临时故障在 0.09 s 时切除,断路器重新闭合,相当于线路自动重合闸过程。

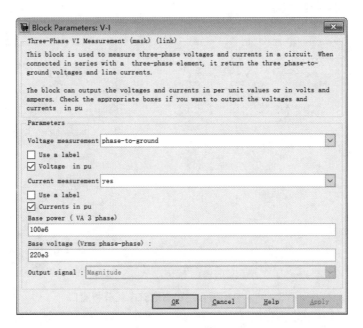

图 3-93 三相电压电流测量模块参数对话框

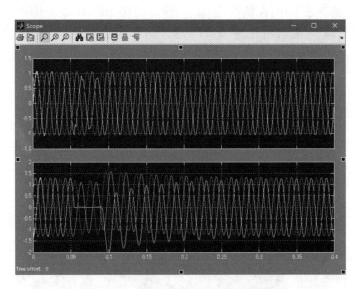

图 3-94 单相重合闸母线电压电流波形

如图 3-95 所示,打开 Powergui 模块主界面中的稳态电流电压分析窗口。发现由于系统为双电源供电系统,因此当线路发生单相接地短路时,断路器断开切除故障点,母线电压并没有多大的改变;在单相接地短路期间,断路器 A 相断开,A 相电流为 0,非故障相的电流幅值减小;在故障切除后,重合闸成功,三相电流经过暂态后又恢复为稳定工作状态,达到新的稳态后,三相电流保持对称,相角互差 120°。

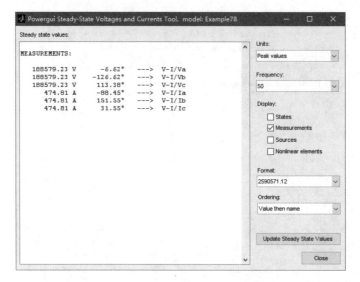

图 3 - 95　单相重合闸稳态电流电压分析窗口

5.线路三相自动重合闸仿真分析

　　在设置断路器参数时,将断路器 QF2 的故障相选为 A 相、B 相、C 相,断路器的初始状态为闭合,说明线路正常工作;断路器转换时间设置为[0.04　0.08],即在 0.04 s 时发生线路三相相间短路故障,断路器断开,在 0.08 s 时断路器重合,相当于模拟故障切除后系统进行重合闸的过程。断路器 QF1 取消动作。线路三相重合闸时,母线端的电压和电流如图3 - 96 所示。

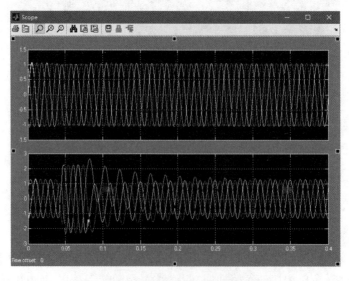

图 3 - 96　三相重合闸母线电压电流波形

如图 3 - 97 所示,打开 Powergui 模块主界面中的稳态电流电压分析窗口。在三相短路期间,三相电流基本为零;故障切除后,重合闸成功,三相电流经过暂态后又恢复为稳定工作状态,三相电压电流保持对称。

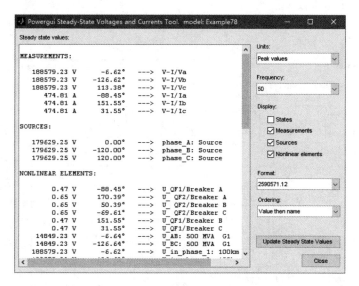

图 3 - 97 三相重合闸稳态电流电压分析窗口

四、实训报告

搭建【例 18 - 1】仿真模型,保存所搭建的框图,运行并记录仿真结果及仿真波形图,分析现象及原因。

五、思考题

试分析电力系统三相自动重合闸对系统稳定性的影响。

实训 19 三绕组配电变压器仿真

一、实训目的

1. 掌握三绕组配电变压器参数设置方法与原理。
2. 学会使用 Simulink 软件分析系统故障时三绕组配电变压器电压及电流的变化情况。

二、实训内容

【例 19 - 1】 某三绕组配电变压器视在功率为 75 kV · A、变比为 14 400/120/120 V。变压器高压侧连接 14 400 V 高压电源;两个变压器低压侧绕组连接两个感性负载(20 kW - 10 kvar);串接低压侧绕组,以 240 V 电压向容性负载(30 kW - 20 kvar)供电来维持系统功率平衡。若 0.05 s 时刻,变压器某一低压绕组发生故障,断路器断开,试分析该三绕组配电变压器功率和低压侧电流的变化情况。

三、实训原理及过程

1. 如图 3 – 98 所示,结合【例 19 – 1】已知条件,选定系统中各元件模块,在 Simulink 模型窗口中搭建系统仿真模型。

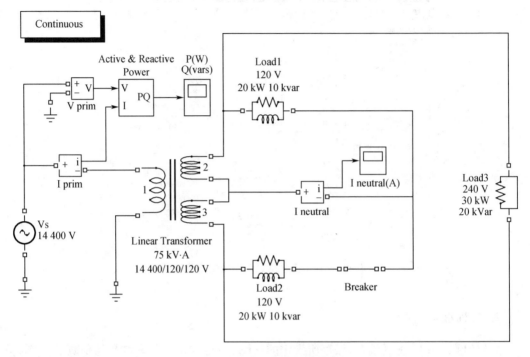

图 3 – 98　三绕组配电变压器仿真原理

2. 根据【例 19 – 1】题意,设置各模块参数及仿真参数。

3. 打开 Powergui 模块,获得初始稳态电压和电流。当系统负载平衡时,中性点电流几乎为零。此外,由于负载的感性无功功率(2×10 kvar)和容性负载无功功率(20 kvar)的平衡,高压侧电流几乎与电压同相位。

4. 运行系统仿真模型,观察两个示波器的输出波形,总结该三绕组配电变压器功率和低压侧中性点电流的变化情况。

四、实训报告

搭建【例 19 –1】仿真模型,保存所搭建的框图,运行并记录仿真结果及仿真波形图,分析现象及原因。

五、思考题

试分析该三绕组配电变压器高压侧电流与电压相位存在微小误差的原因。

实训 20　电流互感器仿真

一、实训目的

1. 掌握电流互感器参数设置方法与原理。
2. 学会使用电流互感器仿真测量一般设备的电流值。

二、实训内容

【例 20 – 1】　某电流互感器（CT）的额定电流比为 2 000 A/5 A、额定功率为 5 V·A。该 CT 用于测量 120 kV 电网中补偿扼流圈的电流值,该补偿电感的补偿容量为 69.3 Mvar、额定电压为 $120\ kV/\sqrt{3}$、额定电流有效值为 1 kA、品质因数为 100。该 CT 二次绕组与 1 Ω 负载电阻并联,在额定状态下,流过二次侧的电流有效值为 2.5 A。假设 CT 饱和磁通为 10 p.u.（1 p.u. $=0.012\ 5\ V\times\sqrt{2}/(2\pi\times50)=5.63\times10^{-5}\ V\cdot s$）,并使用 2 段饱和特性。试分析该电流互感器在正常运行、电流不对称引起的 CT 饱和与 CT 二次侧分闸过电压时二次侧电压、电流和磁通量的变化情况。

三、实训原理及过程

1. 如图 3 – 99 所示,结合【例 20 – 1】已知条件,选定系统中各元件模块,在 Simulink 模型窗口中搭建系统仿真模型。

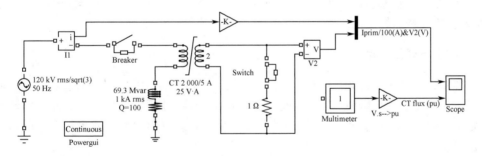

图 3 – 99　电流互感器仿真原理

2. 根据【例 20 – 1】题意,设置各模块参数及仿真参数。

3. 断路器在电源电压峰值时（$t=1.25\times0.02\ s$）闭合。运行系统仿真模型,观察两个示波器的输出波形,总结该电流互感器在正常运行时,二次侧电压、电流和磁通量的变化情况。

4. 断路器在电源电压过零时（$t=1/50\ s$）闭合。运行系统仿真模型,观察两个示波器的输出波形,总结该电流互感器在电流不对称引起的 CT 饱和时,二次侧电压、电流和磁通量的变化情况。

5. 断路器在无磁通不对称时（$t=1.25/50\ s$）闭合,并将二次侧开关分闸时间更改为 $t=0.1\ s$ 运行系统仿真模型,观察两个示波器的输出波形,总结该电流互感器在 CT 二次侧分闸过电压时,二次侧电压、电流和磁通量的变化情况。

四、实训报告

搭建【例 20 - 1】仿真模型,保存所搭建的框图,运行并记录仿真结果及仿真波形图,分析现象及原因。

五、思考题

试分析该补偿扼流圈品质因数 $Q = 90\%$ 时,如何设置其电感值和电阻值?

实训 21　异步电动机仿真

一、实训目的

1. 掌握异步电动机参数设置方法与原理。
2. 学会使用 Simulink 仿真异步电动机的调速过程。

二、实训内容

【例 21 - 1】　某 3 hp(1 hp = 0.735 kW)三相鼠笼式异步电动机的额定电压为 220 V、额定转速为 1 725 r/min,试对其进行开环调速仿真,其调速方式为三相桥式逆变电路供电的调压调速,逆变器采用正弦脉宽调制技术(PWM),生成 PWM 波形的基波为 60 Hz 的正弦波,载波为 1 980 Hz 的三角波。其定子电感为实际值的两倍,以模拟逆变器与电动机之间的平滑电抗器的作用。施加在电动机上的是恒转矩负载,其额定值为 11.9 N·m。电动机接通 0.9 s 后,电动机转速达到额定值。试仿真分析电动机调速过程中,定子电流、转子电流、电磁转矩和转速的变化情况。

三、实训原理及过程

1. 如图 3 - 100 所示,结合【例 21 - 1】已知条件,选定系统中各元件模块,在 Simulink 模型窗口中搭建系统仿真模型,其中,逆变电路输出经受控电压源模块,施加到异步电动机模块的定子绕组,电动机定子绕组线电压的基波分量有效值可用电力系统附加子库的傅里叶模块提取。

2. 根据【例 21 - 1】题意,设置各模块参数及仿真参数,由于逆变器的开关频率(1 980 Hz)相对较高,最大步长时间设为 10 μs。

3. 运行系统仿真模型,观察电动机各个参数的输出波形,分析定子电流、转子电流、电磁转矩和转速的变化情况;最后,放大观察逆变器输出电压的波形,说明其电压纹波对电机参数的影响。

四、实训报告

搭建【例 21 - 1】仿真模型,保存所搭建的框图,运行并记录仿真结果及仿真波形图,分析现象及原因。

五、思考题

为什么电动机转速仿真波形受逆变器输出电压纹波的影响较小?

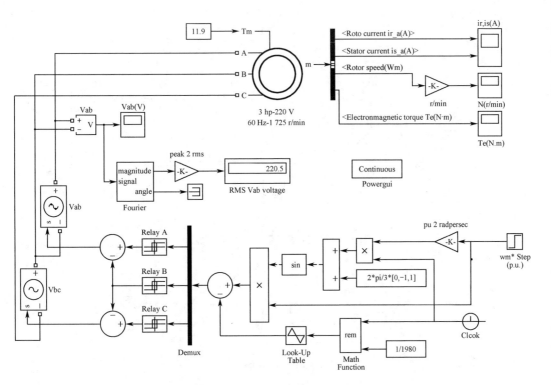

图 3 - 100　异步电动机仿真原理

实训 22　直流电动机仿真

一、实训目的

1.掌握直流电动机参数设置方法与原理。

2.学会使用 Simulink 仿真直流电动机的启动过程。

二、实训内容

【例 22 - 1】　某 5 hp 他励直流电动机的额定电压为 240 V,额定电流为 16.2 A,额定转速为 1 220 r/min,励磁电压为 240 V,励磁绕组电阻值为 240 Ω,电枢绕组电阻值为 0.6 Ω,忽略空载损耗,试用 Simulink 仿真串三段电阻启动电动机的机械特性曲线。

三、实训原理及过程

1.如图 3 - 101 所示,结合【例 22 - 1】已知条件,选定系统中各元件模块,在 Simulink 模型窗口中搭建系统仿真模型。

2.根据【例 22 - 1】题意,设置各模块参数及仿真参数,搭建串电阻启动控制子系统,如图 3 - 102 所示。

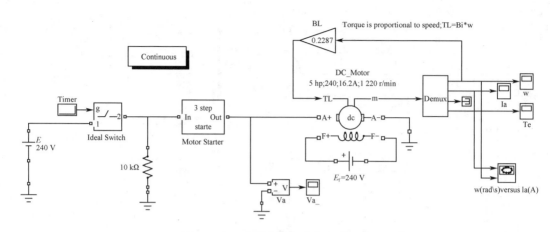

图 3 - 101　直流电动机仿真实训原理

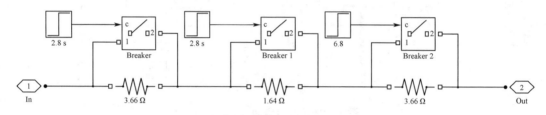

图 3 - 102　串电阻启动控制子系统原理

3. 计算各级外串电阻及其投切时间点,运行系统仿真模型,观察示波器的输出波形,分析电动机转矩和转速的变化情况。

四、实训报告

搭建【例 22 - 1】仿真模型,保存所搭建的框图,运行并记录仿真结果及仿真波形图,分析现象及原因。

五、思考题

如何根据 T_L 和 T_e 判断电机处于电动机状态还是发电机状态?

参 考 文 献

[1] 房俊龙,黄丽华,纪建伟,等.电力系统分析[M].北京:中国水利水电出版社,2007.

[2] 贺家李,宋从矩.电力系统继电保护原理[M].增订版.北京:中国电力出版社,2004.

[3] 王忠礼,段慧达,高玉峰.MATLAB 应用技术:在电气工程与自动化专业中的应用[M]. 北京:清华大学出版社,2007.

[4] 吴天明,谢小竹,彭彬.MATLAB 电力系统设计与分析[M].北京:国防工业出版 社,2004.

[5] 姚俊,马松辉.Simulink 建模与仿真[M].西安:西安电子科技大学出版社,2002.

[6] MOHAND M,MICHEL M.MATLAB 与 SIMULINK 工程应用[M].赵彦玲,吴淑红,译.北 京:电子工业出版社,2002.

[7] 朴在林,王立舒.变电站电气部分[M].北京:中国水利水电出版社,2008.

[8] 林飞,杜欣.电力电子应用技术的 MATLAB 仿真[M].北京:中国电力出版社,2009.

[9] 王树文,汤旭日.Matlab 仿真应用[M].北京:中国电力出版社,2018.

[10] 王锡凡.现代电力系统分析[M].北京:科学出版社,2003.

[11] 王晶,翁国庆,张有兵.电力系统的 MATLAB/SIMULINK 仿真与应用[M].西安:西安 电子科技大学出版社,2008.

[12] 于群,曹娜.MATLAB/Simulink 电力系统建模与仿真[M].2 版.北京:机械工业出版 社,2017.

[13] 张学敏.MATLAB 基础及应用[M].北京:中国电力出版社,2009.

[14] KOTHARI D P,NAGRATH I J.现代电力系统分析[M].4 版.刘宏达,卢芳,译.北京: 清华大学出版社,2016.

[15] 刘浩,韩晶.MATLAB R2016a 完全自学一本通[M].北京:电子工业出版社,2016.

[16] 谢中华,李国栋,刘焕进,等.新编 MATLAB/Simulink 自学一本通[M].北京:北京航空 航天大学出版社,2017.

[17] 宋志安,张鑫,宋玉凤,等.MATLAB/Simulink 机电系统建模与仿真[M].北京:国防工 业出版社,2015.

[18] 鲁敏,蔡新红,岑红蕾,等.课程思政背景下的电力系统分析课程改革[J].中国教育技 术装备,2019(21):97 - 98.

[19] 江红,余青松.Python 编程从入门到实战[M].北京:清华大学出版社,2021.